U0632899

李超 ◎ 著

成事铁律

苏州新闻出版集团
古吴轩出版社

图书在版编目（CIP）数据

成事铁律 / 李超著. -- 苏州 : 古吴轩出版社,
2025. 5. -- ISBN 978-7-5546-2647-4

Ⅰ. C913.2-49

中国国家版本馆CIP数据核字第2025HH2200号

责任编辑：顾　熙
见习编辑：张士超
策　　划：杨莹莹　杨雯婧
装帧设计：刘孟云

书　　名：**成事铁律**
著　　者：李　超
出版发行：**苏州新闻出版集团**
　　　　　古吴轩出版社
　　　　　地址：苏州市八达街118号苏州新闻大厦30F
　　　　　电话：0512-65233679　　　　邮编：215123
出 版 人：王乐飞
印　　刷：大厂回族自治县彩虹印刷有限公司
开　　本：670mm×950mm　1/16
印　　张：12
字　　数：121千字
版　　次：2025年5月第1版
印　　次：2025年5月第1次印刷
书　　号：ISBN 978-7-5546-2647-4
定　　价：56.00元

如有印装质量问题, 请与印刷厂联系。0316-8863998

目
录

第一章

修炼职场软能力，

放大你的硬实力

1 细节决定成败：
小事不抠，大事必漏

在职场历练一段时间后，不少人容易陷入一个常见的误区：忽视工作中的各种细节。他们可能穿着随意就去上班，办公桌上杂乱无章，和领导说话时也不注意分寸。

有些人抱着"只要本职工作完成得好，细节没什么大不了"的想法。但仔细想想，我们真的可以忽视这些细节吗？

> 唐代官员吕元膺以耿直著称，于元和九年（814）出任东都留守。他酷爱棋艺，常与一个长期寓居府中的隐士切磋棋技。
>
> 某日，吕元膺与这个隐士对弈时，不断有公文呈上，须臾间案头便堆积如山。吕元膺深知公务不可耽搁，于是边批

阅文件边与隐士对局。

　　该隐士见状，觉得有机可乘，在吕元膺分心处理公务之际，悄然替换了一枚棋子。然而，这一举动并未逃过吕元膺的双眼。之后，吕元膺不动声色地与他继续下棋，果不其然，输了这一局。看着面前颇为得意的隐士，他并未揭穿，而是坦然接受这不公的败局。

　　次日，隐士再次邀请吕元膺对弈时，却被告知："先生还是另寻他处吧。"隐士对此困惑不解，吕元膺也未多做解释，只是在他离开时慷慨赠予厚礼。

　　数年后，吕元膺病入膏肓，临终之际，子孙环绕床前。他回想起那个曾偷换棋子的门客，语重心长地对后辈们说："在结交朋友时，务必审慎观察他们的品行。想当年，我任东都留守时，府中曾有一个隐士，我二人常共叙棋道。然而，他却在我忙于公务之际，偷偷换棋取胜。他或许以为我未曾察觉，但实际上，他的每一个举动我都看在眼里。此事虽小，却暴露出他急功近利、不择手段的性格。"

　　后辈们听了，全都点头表示明白。吕元膺说完这件事，就与世长辞了。

　　这个故事不难看出，细节就像一面镜子，能精准映照出一个人的品性。

老子在《道德经》中说："天下大事，必作于细。"意思是，所有重大的事情，都是从细微之处做起的。那个隐士假如没有偷换棋子，或许能一直跟在吕元膺身边，成就一番事业，却因为一件小事断送了自己的大好前途。

职场里同样如此。在工作中，一个人的行为举止、对待工作的态度、与上下级的关系等，都能够反映他的专业能力和道德标准。因此，想要在职场中站稳脚跟，更需要从细节处着手。

比如，在工作时注重文件、资料的整理和分类。同时，做到仔细核对，避免疏漏和错误；撰写邮件时，注意邮件格式、称呼和规范；汇报工作时确保数据准确、有来源，避免模糊不清的表述；等等。这些细节都展现你的专业素养。

> 明朝靖难之役期间，朱允炆派遣李景隆率领六十万大军在白沟河与朱棣决战。战争打到最激烈的时候，李景隆挥师从朱棣大军背后绕到了前边，准备前后夹击。然而，关键时刻，一阵大风竟吹折了李景隆的帅旗，士兵见状，误以为将军遭遇不测，顿时军心大乱。朱棣趁机以骑兵绕后放火，李景隆大败。

帅旗被吹折这一细节，成了压垮李景隆大军的"最后一根稻草"，导致李景隆兵败如山倒。这个道理同样适用于职场环境。任何一点不起眼的疏忽，都可能引发多米诺骨牌效应，对工作产生深远影响。

注重细节还是一个人拥有良好的素养的体现。心理研究表明：工作中注重细节的人，其工作质量和效率往往更高，同时也更容易得到同事的尊重和领导的信任。这是因为，注重细节的人能在事情发生之前规避风险，减少错误和疏漏，避免重复劳动和不必要的返工。在项目进行的过程中，他们更关注细节，一旦发现问题，便能及时调整战略和方向，这样不仅能提高工作效率，节省时间和资源，保证项目如期完成，还能获得最大的效益。

成事锦囊

培养注重细节的能力

工作中那些看似微不足道的细节，往往是决定工作质量的关键因素，甚至影响着个人的发展方向。所以说，观察细节，利用细节，是优秀的职场人必备的工作能力。

如何培养这种能力呢？这需要从小事做起。

首先，在沟通中注意语言的精准和得当。如果用词失误，或者使用了不合适的俗语、谐音等，不仅不能准确表达自己的意思，还有可能因为地域习惯、方言差异等影响团队协作与效率，引发误会和分歧。

此外，非语言沟通，如肢体表达和表情神态等也同样重要。恰当的眼神、微笑和仪态都能促进交流，改善沟通氛围。反之，若肢体的小动作过多，可能会使对方产生心理不适，甚至质疑你的专业程度，进而损害个人形象与职业关系。

细节往往决定成败，它们可能源于微不足道的事务，如发送邮件时的称谓选择、文件保存时的命名规则，甚至是文档的字体和排版风格。这些看似不起眼的细节，实则体现了一个人的专业素养。因此，我们需要认真对待每一个细节，力求完美，这样不仅能提高工作效率，还能赢得领导和同事的尊重。

在工作和生活中，我们只有把每件事都做到严谨、细致、精益求精，做到高标准、严要求，才能在面对任何困难时，找到突破之法，最终解决问题。

2 取舍有道：
先予后取的大智慧

　　孔子曾说："己欲立而立人，己欲达而达人。"意思是，自己想要立足，要先帮助别人立足；自己想要发达，要先帮助别人发达。老子在《道德经》中也提出了类似的观念："将欲取之，必固与之。"这句话的意思是，一个人如果想要得到什么，就必须先给予。

　　因此，我们在追求个人利益的同时，也要考虑到他人的需求和福祉。这种"欲取先予"的理念有助于我们建立良好的人际关系，也更有可能帮助我们收获他人的支持与帮助，从而更好地实现个人的成长与进步。

战国时期，张良出身韩国贵族，祖父、父亲二人先后担任韩国的相国。秦灭韩后，年轻的张良散尽家财，招募死士刺杀秦始皇，在博浪沙（今河南原阳）掷出一百二十斤大铁锥，误中副车失败，张良从此逃亡。

逃亡期间，他隐姓埋名至下邳（今江苏睢宁），开始反思激进刺杀行为的局限性，逐渐转向谋略之道。正是此时，张良遇到了改变他一生的奇人——黄石公。

某日，张良在桥上漫步，遇到一穿着粗布麻衣的老者。老者故意将鞋甩落桥下，对张良喝道："小子，下去给我捡鞋！"张良又惊又怒，但看对方年迈，还是强忍怒火下桥捡鞋。不料老者又伸脚，命令道："给我穿上！"张良跪地为其穿鞋，老者大笑而去，走出一里左右，又返回桥上，对张良说："孺子可教！五日后天亮时分，到此见我。"

五日后，张良如约而至，却发现老者早已等在桥头。老者怒斥："与长辈相约，竟敢迟到？五日后再来！"

第二次，张良在鸡鸣时分赴约，仍迟于老者。第三次，张良索性夜宿桥头，终于先于老者到达。黄石公颔首道："如此方成大事！"

老者从怀中取出一卷书："读此书可以成为王者师！"此书正是失传已久的《太公兵法》。临别时，老者预言："十三年后，你会在济北见到我，谷城山下的黄石就是我。"

张良研读此书后，终成"运筹帷幄，决胜千里"的谋圣，辅佐刘邦建立汉朝。十三年后，他果然在谷城山发现黄石，于是建祠供奉。

如果你希望得到别人的帮助，首先需要帮助他人。这是一种相互促进的关系，你帮助他人实现目标，他人也会在你需要时伸出援手。

成事锦囊

舍与得、取与予的过程就像钓鱼

如果把舍与得、取与予的过程比喻成钓鱼，那么舍去、给予的部分就是鱼饵，得到、获取的部分就是鱼。饵越香、越密，钓上来的鱼就越大、越多；饵越劣、越疏，钓上来的鱼就越小、越少。

舍得舍得，舍在前，得在后，就是因为舍是得的前提，没有舍，就不会有得。

成败有迹，得失有序，没有耕耘就没有收获，没有付出就没有回报，没有舍也不会有得。

如果你希望得到帮助，就必须先提供帮助；如果你希望得到支持，就必须先给予支持。人际关系是互动的，通过相互帮助和合作，我们能够建立起利益和情感的联系，从而使沟通和事务处理变得更加顺畅。

3 隐锋芒，显格局：
低调做人，高调做事

在职场与日常生活中，我们常常能发现一群出类拔萃却低调内敛的人。他们有的才华横溢，却从不自我炫耀，总是以谦逊的态度向他人学习；有的身居高位，却总是待人温和有礼；有的家产颇丰，却对外表现得简单朴素。这些表现，其实都是一种巧妙的生存策略，体现了低调做人的职场素养。

低调做人，并非意味着在职场中默默无闻，毫无存在感。相反，它是一种智慧的选择，是一种对自我价值的深刻理解。低调的人，懂得在适当的时候收敛锋芒，不过分张扬个人的私欲与成就，而是将更多的精力投入团队的合作与共同目标的实现中。他们深知，个人的成功离不开团队的支持与协作，因此，他们更愿意成为团队中的"隐形英雄"，用实际行动默默贡献自己的力量。

曹参在这方面堪称楷模。刘邦建立汉朝后，曹参因战功赫赫被封为平阳侯。在萧何去世后，曹参继任为相国。然而，他上任后并没有大张旗鼓地推行新政策，而是一切遵循萧何制定的法规。

朝臣私下议论纷纷，认为曹参"不作为"，汉惠帝也坐不住了。他让曹参的儿子曹窋回家试探自己的父亲，但不要提是皇帝的意思。于是曹窋回家后，用自己的话规劝曹参。曹参听后，怒而打了儿子二百板子，说道："你只管回宫侍奉陛下，天下大事还轮不到你多嘴。"

后来，汉惠帝责备曹参打曹窋，曹参这才免冠谢罪，向惠帝解释道："陛下自认为与高皇帝相比，谁更英明神武？"

惠帝答："朕怎敢与先帝相比呢！"

曹参又问："陛下认为我与萧何相比，谁更贤能？"

惠帝说："你似乎比不上萧何。"

曹参接着说："陛下所言极是。高皇帝与萧何平定天下，法令已经明确。如今陛下垂拱而治，我等谨守职责，遵循旧制，不就可以了吗？"

汉惠帝恍然大悟，称赞曹参的做法。曹参低调行事，不追求个人政绩，以维护国家稳定为首要任务，成就了"萧规曹随"的佳话。

曹参不为外界的质疑所动，始终保持着低调的行事风格。他深知，萧何制定的法规是经过深思熟虑的，在当时的社会环境下，是行之有效的。此时，稳定才是国家的首要任务，盲目地推行新政，可能会引发不必要的动荡。

这种低调做人的态度，为曹参赢得了诸多益处。一方面，他没有因为急于表现自己而引发同僚的嫉妒与反感。在一个团队中，过于张扬的人往往容易成为众矢之的，而曹参的低调，让他能够与同僚保持和谐的关系，为工作的顺利开展奠定了良好的基础。另一方面，低调的态度也让他能够更深入地了解团队成员的优缺点，从而更好地发挥每个人的优势。他不急于展现自己的权威，而是以一种平和的方式引导团队，让大家在不知不觉中接受他的领导。

在职场中，我们也能从曹参的经历中汲取许多启示。比如，当我们初入一家公司，或是接手一个新的项目时，切不可急于表现自己，而应先沉下心来，了解公司的文化、团队的运作模式以及项目的背景和需求。在与同事交流时，保持谦逊的态度，多倾听他人的意见和建议，不要轻易否定他人。只有这样，我们才能赢得同事的信任与支持，为自己在职场中的发展打下坚实的基础。

与低调做人相对应的是高调做事。高调做事并非要我们在工作中炫耀成果，而是要以积极的态度、饱满的热情和专业的精神，全身心地投入工作中，力求将每一项任务都做到极致。

曹参虽然在做人方面保持低调，但在做事上却毫不含糊。他遵循萧何制定的法规，并非因为他没有自己的想法，而是他深知这些法规对于国家稳定和发展的重要性。在他看来，将这些法规切实地执行下去，让国家在稳定的轨道上运行，就是他作为相国的首要任务。于是，他在幕后默默地推动着各项工作的开展，确保国家机器的正常运转，这是对国家大事高度负责的体现。当汉惠帝责备他打曹窋时，他能够坦然地解释自己的做法，并指出遵循旧制的重要性。这种在关键时刻敢于担当、敢于直言不讳的态度，正是高调做事的体现。

在现代职场中，我们同样需要借鉴这种精神。

在职场中，高调做事不仅仅是一种行为表现，更是一种正确的工作态度的体现。无论面对的任务是大是小，我们都应当全力以赴，绝不敷衍了事，也不推诿责任。例如，在撰写一份报告时，我们不应仅仅满足于完成任务的基本要求，而应投入更多的时间和精力，去广泛收集相关资料，进行深入细致的分析，确保报告内容更加丰富、准确且具有实际价值。在执行一个项目时，我们要积极主动地承担责任，遇到问题时不逃避，而是想方设法去解决。只有这样，我们才能在工作中不断锤炼和提升自己的能力，取得令人瞩目的成绩，从而赢得上级的认可和同事的尊重。

低调做人，高调做事，这两者相辅相成，共同构成了职场成功的基石。低调做人让我们在职场中保持谦逊，避免不必要的纷争；高调做事则让我们在工作中展现能力，赢得认可。只有将这两者完美结合，我们才能在职场中走得更高、更远。

成事锦囊

低调做人，高调做事是晋升秘籍

低调做人，要学会倾听与谦逊。多听少说，不轻易打断他人的话，展现你的尊重与耐心。面对成就，保持内敛，不炫耀，而是将荣誉视为团队共同努力的结果。在人际交往中，以和为贵，避免无谓的争执，用包容的心态对待同事的不同意见。

高调做事，则要求你追求卓越，勇于担当。对工作任务，要全力以赴，确保高质量完成，用实际成果说话。面对挑战，不逃避，主动寻找解决方案，展现你的能力与决心。在团队中，积极贡献，分享你的知识与经验，带动团队整体进步。同时，要懂得适时表现自己，但不张扬。在关键时刻，能够挺身而出，提出有建设性的意见，展现你的领导力与影响力。但平日里，保持低调，不刻意追求个人英雄主义，让成绩说话，而非自我吹嘘。

总之，低调做人，高调做事，是一种职场智慧，它让你在保持谦逊的同时，也能展现出非凡的实力与价值，从而在职业生涯中稳步前行，赢得更多尊重与机遇。

4 笨功夫才是真捷径：
拒绝投机取巧

在面对公司内部公开竞争上岗的机遇时，你是否考虑过通过给领导送礼来提升自己获得职位的可能性呢？下班后与朋友有约，可是手头的任务尚未完成，你是否只是简单地修改一下旧方案，应付了事，然后赶紧去赴约呢？

必须明确的是，无论是通过送礼来寻求捷径，还是对工作敷衍了事，这些都属于投机取巧甚至违法乱纪的行为，绝非明智选择。正确的做法是，保持诚实与勤奋，依靠个人的实力和能力去角逐岗位，同时以高度的责任心对待每一项工作挑战。

公元前 260 年，秦、赵两国于长平展开激烈大战。赵军起初连遭失利，赵王遂命廉颇为大将军。廉颇深知赵军实力逊于秦军，便采取守势以消耗秦军锐气。

秦军久攻不下，于是范雎派人潜入赵国散布谣言，称廉颇不足为惧，秦军最怕的是赵括。赵王听信谣言，当即解除廉颇军职，任命赵括为大将军，让其全面指挥长平之战。

赵括虽自幼熟读兵书，谈起兵法来头头是道，常常夸夸其谈，对自己的军事才能极为自负，可实际上毫无实战经验。他一上任，便全盘推翻廉颇的防御策略，拆除原有的防御工事，依照兵书理论重新布防。面对秦军的挑衅，他盲目命令赵军勇往直前、全力拼杀。

不久，秦军将领王龁（hé）前来挑战，稍作抵抗后佯装败退。赵括见状，以为秦军不堪一击，随即下令全军出动，追击秦军。他丝毫没有察觉，秦军撤退之际，白起已悄然接替王龁，成为秦军主帅。赵括率领赵军一路追到秦军堡垒前，却被坚固防线阻挡，难以攻克。

此时，白起派两万多士兵迂回到赵军后方，切断其退路，又派一支骑兵插入赵军，将赵军分割包围，然后发起全面进攻。赵括这才发现军队已被冲散，陷入绝境，赶忙下令撤退，试图转为防御，择机突围。然而，秦军不给赵括任何突围机会，白起一边猛攻，一边切断赵军粮道。四十万赵军被困数月后，最终被秦军攻破，惨遭坑杀，赵括也命丧乱箭之下。

赵括的悲剧，就在于他只知纸上谈兵，一味沉浸在兵书理论之中，夸夸其谈，却不懂得结合实际情况灵活运用兵法，更缺乏脚踏实地的精神。

这警示着我们，在职场中，切不可像赵括一样，仅凭理论知识和嘴上功夫就妄图取得成功。做人做事需要脚踏实地，只有深入了解实际情况，认真对待每一项任务，摒弃投机取巧的心态，凭借扎实的努力和付出，才能在工作中稳步前行，收获真正的成就。

工作中偷懒，不愿意付出努力，而是试图通过偷工减料来完成领导交代的任务，这种行为不仅会影响工作质量，还会损害团队声誉，破坏同事对你的信任。尽管投机取巧可能会快速获得利益，短时间内会让你青云直上，但长期来看，投机取巧获得的东西，并不是依靠真才实学得来的，往往意味着你缺乏扎实的基础和真实的能力。当公司需要你展现真正的才能时，你可能会遇到无法解决的困难，就像赵括一样，只会纸上谈兵，没有实际的才能，最终给公司带来重大的损失。

此外，投机取巧还会降低你的职业竞争力。真正的职业能力要靠持续学习和实践来培养，而投机取巧只关注短期利益，忽视了长期发展，会让你在职业市场中缺乏竞争力，错失更好的发展机会。因此，我们应该以长远的眼光看问题，坚持走正道，脚踏实地才能取得真正的成功。

成事锦囊

埋头苦干，稳扎稳打

天道酬勤。每一分耕耘都会有相应的收获。在职场的竞争中，切忌投机取巧，每一步都要脚踏实地、稳扎稳打。

杜绝投机取巧，首先，要树立正确的职业道德观念，拒绝一切不负责任、不诚信的行为。明确自身的发展目标，制定合理的职业规划，并通过多种渠道提升自身的能力和素养，不断积累，为职业发展打下良好基础。

其次，保持勤奋和努力必不可少，尽心尽力地完成任务，不偷懒、不敷衍。通过付出真正的努力来赢得同事和领导的认可和信任，这样的成就才能真正激发内心的喜悦感，从而转化成积极的动力，促使我们不断进步。

最后，我们要明确自己的底线和原则，坚守道德和法律的界限，不做任何违法乱纪的事情。只有这样，我们才能获得良好的职业声誉和形象，使收获如同长江之水一般源源不断地涌来。

5 三思而后言：
让你的话语更有分量

在职场的人际交往中，我们务必时刻保持谨慎。为人处世时，秉持稳重内敛、审慎行事的态度是基本要求；而在言语交流方面，更应做到谨言慎行，丝毫不可懈怠。

《周易》中说："乱之所生也，则言语以为阶。"这句话的意思是，很多麻烦事儿都是说话不当引起的。在日常的人际交往中，人与人之间的沟通、交际，大部分是通过言语来完成的，正因为如此，人与人之间绝大多数的矛盾、冲突、分歧、祸患也由口而出。

良言一句三冬暖，恶语伤人六月寒。唇枪舌剑虽然无形，但其杀伤力却远超真实的刀剑。

隋朝时期，贺若弼（bì）出身将门，战功赫赫，为隋朝的统一立下大功。然而，他自恃功高，常常口出狂言。

隋朝建立后，贺若弼被封为右武侯大将军，他却对自己的官职和待遇并不满足。一次，他与高颎（jiǒng）、杨素等大臣相聚，酒过三巡，贺若弼便开始吹嘘自己的功劳，说道："想当年，我率领大军渡江灭陈，那是何等威风！高颎不过是个后勤总管，杨素也只是在陆上作战，怎能与我相比！"高颎和杨素听后，心中不悦，但并未当场发作。

这些话传到了隋文帝杨坚的耳中，杨坚对贺若弼的狂妄自大十分不满。一次上朝，杨坚质问贺若弼："你常说别人不如你，那你说说，你有何能耐？"贺若弼不仅没有收敛，反而更加肆无忌惮地夸赞自己的功绩，贬低其他大臣。杨坚脸色阴沉，警告他要谨言慎行。

然而，贺若弼并未吸取教训。后来，隋炀帝杨广即位，贺若弼依旧不改妄言的毛病。在一次宴会上，他批评隋炀帝过于奢靡，不顾百姓死活。此事被人告发，隋炀帝大怒，以诽谤朝廷之罪，将贺若弼斩首。

贺若弼因言语不当，最终断送了自己的性命，也让曾经辉煌的家族陷入困境。

从职场角度看，贺若弼的经历警示着我们，言语不当会带来诸多严重后果。在职场中，自恃能力强而随意贬低同事，就像贺若弼一样，极易引发同事间的矛盾，破坏团队协作氛围。若我们因不当言论而被领导警告，却仍不知悔改，继续发表诋毁公司或上级的言论，不仅会损害自身职业形象，还可能导致自己被公司辞退，甚至影响整个职业生涯的发展。因此，在职场中务必时刻保持谨言慎行，尊重他人，维护良好的职场关系，才能为自己的职业发展创造有利条件。

无论何时，我们说话都应该礼貌、温柔和谨慎。如果我们以柔和的方式对待他人，他人也会以同样的方式对待我们；如果我们三思而后行，谨慎地表达自己的观点，并且照顾他人的感受，那么他人在与我们交流时，也会更加温和、友善。

《论语》有云："仁者，其言也讱（rèn）。"意思是说，行仁义之人讲话十分谨慎。在崇尚君子之风的古代，慎言是一种美德；而在现代社会，慎言同样代表着一个人的品性和修养。

有些人在说错话后，总是以"无心之言"为借口。然而，语言往往反映了内心所想，如果真的是"无心"，又怎么可能说出那些话呢？如果内心充满温情，又怎么可能下口如刀，刀刀伤人呢？

人无恶意，不生恶语。虽然有些人是"刀子嘴，豆腐心"，但在大多数情况下，一个说话尖酸刻薄的人，其内心往往是充满敌意的。

争吵时勿说狠话

人在情绪激动的时候，比如愤怒、惊恐、焦急、慌乱时，最容易口不择言。许多原本和谐的工作关系和项目合作，往往会因沟通中的矛盾而破裂。

有些人在面临挑战、质疑、压力或与他人发生冲突时，会采取一种防御性的态度，就像刺猬一样，变得固执己见，说话带刺，难以沟通。在这种状态下，他们可能不会理性地听取他人的意见，而是用尖锐的语言来保护自己，甚至可能说出一些伤人的话。这些不恰当的言辞可能会产生严重的后果：项目失败，客户不满，与同事和领导的关系紧张。

言语的力量是巨大的，即使是无心之言也可能被误解。一旦说出的话产生了伤害，无论是有意的还是无意的，都很难挽回由此造成的损失。因此，我们应该谨慎对待自己的言辞，避免在情绪激动时说出冲动的话，以免后悔莫及。

实际上，相比于冲动地说出伤人的话，采用温和且坚定地反驳、有理有据地回应、清晰而有说服力地论证，或者巧妙而含蓄地引导、幽默且中肯地提问、巧妙地假设等方式，更能使善良的人明白道理，让持不同意见的人信服，让心怀恶意的人无话可说。

6 职场情绪管理：
喜怒不形于色

　　大多数人都希望自己能活得潇洒肆意：悲伤时可以毫无保留地泪流满面，喜悦时可以放声欢笑；对于心仪的事物会毫不犹豫地追求，而对于不喜欢的则果断放手，不留任何遗憾。

　　但是在现实生活中，尤其是在职场中，我们必须学会隐藏自己的情绪，不轻易在脸色上流露出喜怒哀乐。因为如果一个人总是将情绪写在脸上，这种直率尽管看似真诚，但实际上却容易被他人洞悉内心，从而使自己陷入被动的境地。

　　相反，如果我们能变得更加沉稳与老练，不轻易泄露自己的情绪，那么无论是在与他人的交往中，还是在对自我的把控上，都将获得莫大的益处。

唐德宗御极天下时，朝中有一位非常知名的宰相，名叫赵憬。

　　赵憬精通治国之道，在任期间，不仅崇尚节俭，还重用贤能。王蒙就是被赵憬举荐的人才之一，然而，举荐王蒙成了赵憬命运转折的导火索。

　　王蒙是赵憬的挚友，被推荐时，正在地方一个州县上做官，官职不是很高。赵憬很了解王蒙的才能，觉得王蒙困于州县实在是屈才了，便找了个机会向唐德宗举荐王蒙担任监察御史。唐德宗对下面州县的官员并不怎么了解，听了赵憬对王蒙的一番赞美后就信了，同意提拔王蒙。

　　挚友有了前途，赵憬当然很高兴，在唐德宗点头的那一刻，脸上就忍不住露出了笑容。等君臣两个商讨完政务，赵憬告辞出宫时，他脸上的喜色都没散去。

　　看着赵憬喜气洋洋的模样，唐德宗心里直嘀咕：只是同意了提拔一个人而已，赵憬为什么这么高兴？这个王蒙和他是不是有什么自己不知道的关系？出于对赵憬的信任，唐德宗没有深究，但其心里已经种下了疑虑的种子。

　　赵憬满心欢喜地离开皇宫后，恰巧遇到了同僚裴延龄。裴延龄出身河东望族裴氏，早年做过太常博士，德宗即位后，他平步青云，一路从膳部员外郎做到了户部侍郎，掌管财赋，是朝中重臣。

裴延龄虽然能力很不错，但人品不太好，做事轻浮，媚上欺下，前宰相陆贽就是因为被他造谣中伤才被贬忠州的。朝中很多正直的官员都看不起他，不愿与他为伍，赵憬更是从心底里厌恶他。

因此，在裴延龄热情地和赵憬打招呼，询问赵憬遇到了什么喜事，这么开心时，赵憬马上冷下脸，厌恶地看了裴延龄一眼，理都没理他，就径自走了。

作为德宗面前的大红人，裴延龄从没有被如此轻侮慢待过。而且，这事还是发生在众目睽睽之下，裴延龄的脸当时就黑了，心中充满了怨恨。

就这样，怀着对赵憬的怨恨，裴延龄进了宫。和唐德宗聊完公事之后，裴延龄就有意无意地将话题引到了赵憬身上，还装作好奇地打探起赵憬进宫的理由。

唐德宗对裴延龄一直以来都宠信有加，听他问起，也没隐瞒，还赞叹赵憬为国抢才，极有公心。

对此，裴延龄没有反驳，也没有附和，反而提出了自己的疑问："赵相公常年在京城，位高权重，怎么对地方属官的情况这么了解？是不是有什么隐情？"听裴延龄这么一说，唐德宗心中那颗疑虑的种子瞬间发芽：王蒙被任用，赵憬为什么这么高兴？是出于爱才重才之心，还是收了好处，甚至卖官鬻（yù）爵？

为了弄清这件事，唐德宗一边派人暗中调查，一边召赵憬入宫询问。当得知王蒙和赵憬是挚友时，唐德宗的神色一下子就沉了下来，虽然唐德宗没说什么责备的话，但从那之后，不再像以前那样亲近、信赖赵憬，反而以赵憬做事公私不分为由，慢慢地疏远他，不再委以重任。

或许有人会说，赵憬的失势是因唐德宗的昏庸和裴延龄的挑拨离间。但仔细想想，赵憬本身就没有问题吗？不仅有，而且问题很大。作为一国宰相，赵憬应该明白，举荐人才是一件很敏感的事，他的每一个举动，都可能被有心之人解读、利用，导致不利后果。然而赵憬举荐王蒙时显得过于随意，喜悦之情毫不掩饰，引得唐德宗心生猜忌，也为自身埋下了隐患。

成事锦囊

喜怒不显，利人利己

职场如同战场，充满了不确定性和复杂性。如果一个人在职场率性无城府、喜怒形于色，无疑是不妥当的。

首先，喜怒形于色，把所有情绪都写在脸上，这种行为很容易被人看透和利用。在职场中，有些人很善于观察别人的情绪，并根据这些情绪来采取行动。当你心情好的时候，他们可能会趁机请你帮忙或者诱导你做一些不合适的事情；当你生气或者难过的时候，他们可能会趁机打击你，让你做出一些不理智的决定。

在谈判或博弈的过程中，对手也很容易通过观察你的情绪来了解你的想法和底线，他们甚至不需要制订计划，只需要根据你的情绪变化来调整自己的行为，就可以控制整个局势，使你陷入不利的地位。

其次，如果你总是把自己的喜怒哀乐表现在脸上，可能会让领导和同事降低对你的信任。在职场上，人们不会认为将喜怒哀乐表现在脸上的人是真性情，反而会觉得他们性情急躁、情绪不稳定、情商低。而人们更倾向于与那些遇事客观冷静、能妥善处理各种问题的人合作。

因此，在职场中，我们必须学会隐藏自己的情绪，不让它们轻易表露在外。唯有喜怒不形于色，不让人轻易看透，才能避免因一时冲动而做出错误的决策和行为，进而胜人胜己，在职场中立于不败之地。

但需要注意的是，隐藏情绪并不意味着要表现得冷漠无情，也不是要压抑所有的情感，让自己变得像机器人一样；而是怒时不冲冠，喜时不扬眉，不过分显露于外。遇人遇事时多看、多听、少说，在情绪即将爆发的时候，有意地控制，让喜怒显露得不那么明显。经过一段时间的练习，大多数人是可以做到这一点的。

7 知分寸，懂进退： 做人做事留余地

《道德经》写道："持而盈之，不若其已。"这句话是提醒我们在做任何事时都要有所节制，避免过度追求事物的完美或极致。正所谓"物极必反"，任何事物一旦发展到极致，就很容易走向反面，这是自然不变的规律。

正是基于这种智慧，我们在为人处世时应知分寸、懂进退。在处理各种事务时，应当学会适可而止，为他人和自己留有余地，不把话说满，也不把事做绝。

越王勾践卧薪尝胆多年，一心要报昔日被辱之仇。

原本所有人都以为大决战一触即发，却没想到，在前

线指挥作战的越国相国范蠡（lí）竟然围而不攻。一时之间，部分急于求胜的将领纷纷站出来，对范蠡的战术表示质疑，认为他这是在给吴国喘息之机。

范蠡没有进行过多的辩解。三年后，吴军自己崩溃了。

为什么呢？这是因为压力的作用。我们都知道弹簧的原理：当你施加的压力越大，它反弹的力量也就越大；反之，如果你施加的压力较小，它反弹的力量也就小。

当时，吴越之间紧张的局势正体现了弹簧原理。如果范蠡不顾一切地率领大军猛攻，就会把吴军逼入绝路。退无可退之下，吴军必然会奋不顾身、殊死冲杀。这样一来，越军就算是胜了，也会伤亡惨重。相反，如果只围不攻，让吴军看到一丝活命的希望，他们想的就不是拼死，而是怎么逃跑。这样，吴军必然军心涣散，不用攻打，自己就溃败了。

而且，只围不攻也给越军留了余地。越军进可攻，退可守，若事有不谐，范蠡可以随时调整战术。

吴越之战断断续续持续了数年，公元前473年，越军攻破吴都，吴王夫差自杀。

战后，越王勾践踌躇满志，一边奖赏那些立下战功的功臣，一边谋划着继续争夺天下。而这时，范蠡又做了一个出人意料的决定——辞官。

范蠡这一决定并非出于冲动，而是深思熟虑的结果。范蠡不想让勾践忌惮、猜忌自己，不想最后君臣反目，因此选择了急流勇退。越是功高，越是震主。虽然权倾朝野听起来很荣耀，但是其中的凶险，如果不是身处其中，又有谁能真正了解呢？哪怕亲密如父子，在巨大的权力和财富面前也有可能相互猜忌、反目成仇，更何况是君臣？

范蠡的离开不仅为自己留下了余地，也为越王和他的君臣关系留下了余地。如此，勾践既不会因为给了范蠡太丰厚的封赏和太大的权力而不安，也不会因为薄待了有功之臣而被人非议。

而面对范蠡的请辞，勾践没执着地挽留，最后，在彼此的心照不宣中，范蠡走了。此后多年，无论是越王还是越国百姓，只要一提起范蠡，都会想起他的功劳和他的好。

成事锦囊

月盈则亏，水满则溢

古人常说："月盈则亏，水满则溢。""满招损，谦受益。"这些智慧的话告诉我们：无论什么时候，处世都该有度。进退需有度，舍得亦需有度，说话要讲究分寸，做事要把握尺度。

做事太绝、逼人太甚往往会给自己带来不好的后果；同样，话说得太满，轻易做出承诺，也可能使自己陷入不利境地。

在春秋战国那个英雄辈出的乱世，范蠡并不是最聪明、最勇敢的人，但他凭借对分寸的准确把握，懂得给他人和自己留有余地，比许多人活得更加通透和潇洒。

因此，我们在日常工作和生活中，应该向范蠡学习，做到话不说满、事不做绝。即使有十成的把握，也不能轻易许诺。毕竟世事多变幻，在尘埃落定之前，谁能保证不出意外？

同样，即使心里再厌恶一个人，表面上也要保持风度，别把自己的喜怒好恶都写在脸上。

在与他人产生矛盾时，要尽量宽容，不能因一时冲动就把话说死，避免关系过于紧张。尤其是在职场中，若与同事发生正面冲突，可能会导致个人形象受损，影响职业发展。

第二章

择善而交，
真诚才是王道

1 言行见人品：
善用识人五法来择人

在职场中，我们自然都愿意与正直的君子为伍，远离那些阴险狡诈的小人。但是，在这样错综复杂的环境里，我们该如何准确判断一个人的品质和性格呢？

春秋末年，韩、赵、魏三家分晋。魏国凭借着世代累积起来的强大实力，跻身诸侯之列。魏文侯是魏国的开国君主，非常重视学术和人才，他自己就曾拜卜商为师，大力发展本国的文化事业，使得魏国上下对有学问的人甚是敬重。

正是因为魏文侯对人才极为重视，所以随着魏国的实力不断增强，魏文侯也开始考虑选一位贤能的相国来辅佐自己实现魏国的霸业。然而，到底谁能担此重任呢？此时的魏国有两位候选人，一个是翟璜，一个是魏成子，这两个人的能力都十分突出，彼此难分高下。这让魏文侯陷入了纠结，不知该选择哪一个。

困扰之下，魏文侯想到了一个人，或许可以帮他抉择，那就是他最信任的大臣李克。

李克思索片刻后说道："主君，其实选人是有方法的，关键在于您平日里对他们的观察是否细致。您不妨从这五个方面去考量：一个人平时居家时，看他亲近哪些人；富裕时，看他把钱财花在何处，与哪些人交往；显达、地位高时，看他举荐提拔什么样的人；身处困境时，看他是否坚守底线，有所不为；贫穷潦倒时，看他是否不取不义之财。从这五个方面综合判断，足以确定人选，又何须我来直接指明呢？"

魏文侯听后，沉思片刻，心中已有了答案，脸上露出了满意的笑容，说道："先生所言极是。先生请回客舍休息吧，我的丞相人选已经确定了。"

李克退下后，碰上翟璜。翟璜好奇地问道："听说主君召您商议选相，定了谁？"

李克如实回答："魏成子。"翟璜顿时怒容满面："我为国家举荐了那么多人才，西河守令吴起、邺地的西门豹、攻打中山国的乐羊、治理中山的你，还有教导主君儿子的屈侯鲋，我哪点比不上魏成子，凭什么选他？"

李克耐心地解释：“您举荐我，难道是为了结党营私、谋取高位？主君问我选相之事，我用那五条标准回答。魏成子俸禄千钟，十分之九都用于结交贤才，仅留十分之一家用，因此结识了卜子夏、田子方、段干木，这三人都被主君尊为老师。而您举荐的人，主君只当作臣子。从举荐的人才对主君的价值和意义看，您和魏成子谁更胜一筹呢？”

翟璜听后，怒火渐消，面露惭愧，拜了两拜，说：“我目光短浅，言语冒犯，还请先生原谅。今后我愿拜您为师，多多学习。”

于是，魏文侯依李克的建议选定魏成子为相国。魏成子不负众望，凭借才学和智慧为魏国出谋划策，助力魏国在战国纷争中愈发强大。

在面对魏文侯关于选拔相国的咨询时，李克提出的五条关于辨别人才的标准，至今仍被广泛认为是非常实用的。

第一条，居视其所亲。正所谓“近朱者赤，近墨者黑”，观察一个人的品行，首先要留意他平时与哪些人来往。如果往来的人都是正人君子，那么这个人很可能也是品德高尚者；反之，如果常与奸佞小人来往，那么即使他外表光鲜，我们也应该对他保持警惕。

第二条，富视其所与。一个品德高尚的人在获得财富后，会用这些钱来帮助穷人，造福百姓，这就是所谓“达则兼济天下"。相反，一个为富不仁的人在获得财富后，往往会挥霍无度，这样的人显然不能承担重要的责任。

第三条，达视其所举。身居高位之后，权力就成为一面能照见人心的镜子。有德行、有操守、胸怀大志的人，在掌权之后能够做到选贤举能、任人唯贤。哪怕是曾经与自己产生过嫌隙的人，只要对方有才能，都愿意给予他施展才华的机会。而心胸狭隘的小人，在掌权之后往往会借机报复，用人唯亲，甚至排挤和打压他人，这对团队是极为不利的。

第四条，穷视其所不为。古人经常说："穷则独善其身。"一个人即使身处逆境，仍然能坚守自己的原则和底线，知道什么该做，什么不该做，这就是君子所提倡的"慎独"。而品德低下的人，很可能会为了个人的利益去做违背道德的事情，甚至触犯法律。

第五条，贫视其所不取。当一个人贫穷的时候，同样也是考验其品质的时候。君子即使穷困潦倒，也不会取不义之财。正所谓"君子爱财，取之有道；视之有度，用之有节"。而那些品德低下的人，则会不择手段地谋取私利。

李克提出的辨人之法，其实就是在告诉魏文侯：言行举止，可见人品；细节之处，可窥人心。通过观察一个人在不同境遇下的行为表现，便能对其为人品性、格局胸怀、价值取向等有一个全面且深入的了解。这些看似平常的生活点滴与行为选择，蕴含着丰富的信息，是判断一个人是否堪当大任的重要依据。

言行之间，可见人品

高尚的品德是为人处世之本，而日常的行为就是观察一个人品德的窗口。尤其是当我们身处职场时，想要更好地了解身边同事的内在品质，就要学会留心他们的一言一行。常在背后议论他人的人，一定不可以与其深交；对别人的事情漠不关心的人，也不值得我们为其付出；凡事以自我为中心、为达目的不择手段的人，要对其避而远之。

和品行端正的同事交往，我们能从他们身上学习经验和技巧，有助于我们的职业发展。而缺乏道德底线的同事，只会想方设法地从我们这里攫取利益，对于这样的人，我们应该尽量避免与他们接触。

人品藏于言行之间，只要我们细心观察，就能发现端倪。在职场上，学会识别他人的品质，有时甚至比学会与人交往更为重要。

2 以礼待人：
人脉建立在礼节之上

　　《论语》中说："不学礼，无以立。"意思是，一个人如果不学习礼仪，就无法在社会中立足。

　　遵礼、守礼、以礼待人，是为人处世的规矩。不懂礼、不循礼的人，无论在何种情况下都很难赢得他人的尊重。

　　交友守礼要求我们在进行社交活动时，既要注重外在行为的规范，更要注重内在道德品质的培养。只有这样，才能建立起长久而稳固的友谊。因此，在很多场合中，尤其是在进行商务谈判时，保持礼貌和互相尊重显得尤为重要。

在明朝弘治年间，明孝宗朱祐樘（chēng）是一位励精图治、崇尚节俭、礼贤下士的君主，他的统治时期被誉为"弘治中兴"，他的宽仁与睿智同样被后世传颂。

朱祐樘在位期间，刘健作为辅政大臣，对"弘治中兴"起到了重要的作用。刘健早年师从大儒薛瑄，并在明英宗天顺四年（1460）考中进士，曾担任太子朱祐樘的老师。朱祐樘即位后，刘健继续辅佐他，两人建立了深厚的信任和默契。他们君臣二人的故事，生动展现了"君使臣以礼，臣事君以忠"的君臣和睦之道。

有一日，刘健身染微恙，却因对国家社稷的责任感，强撑病体上朝议政。朱祐樘见他面色苍白，却依旧挺直腰板立于群臣之中，心中既感动又关切。

朱祐樘轻步缓行至刘健身旁，放下了皇帝的威严，用温和的语气问道："刘卿家今日气色欠佳，可是国事操劳过度所致？"刘健见皇帝亲自垂询，忙伏地道："陛下关怀，臣感激涕零。确因昨夜研读水利奏章，不慎受寒，但国事繁重，不敢稍有懈怠。"

朱祐樘听罢，愈发钦佩刘健的尽瘁事国，遂命人抬来御榻，准许他在榻上陈述水利之事。待二人讨论完毕，朱祐樘不仅亲赐御医为刘健诊视，还亲手将补品递到刘健身边，话语中满含关心："刘卿家需安心养病，此乃朕特命御医所配之汤剂，望卿早日康复。国家之事可暂且放下，待身体好转再作商讨。"

刘健深深一揖，道："蒙陛下如此厚恩，臣唯有竭尽全力，不负圣眷。臣定当尽快调养，以期早日重返朝堂，共谋国是。"

礼贤下士的君王与忠心报效的臣子，这样的君臣关系不仅是中国古代君臣和睦共处的典范，对现代职场也有着启示。领导者以礼对待下属，才能吸引人才，促进创新，构建和谐团队，并最终实现个人和组织的成功。

成事锦囊

拥有良好的社交礼仪是合作的前提

《礼记》认为："道德仁义，非礼不成。"这句话的意思是，道德和仁义等美德的养成和体现，都离不开"礼"的规范和指导。

在各种场合中，礼仪都是非常重要的。恰当的礼仪不仅能体现对他人的尊重，还有助于建立良好的人际关系，促进合作的顺利进行。以下是一些基本的日常礼仪建议：

1. 日常交往

依据对方职位、身份与关系，恰当称呼，如"张经理""先生"等；每日上班主动热情地问候同事；拜访他人办公室，先敲门获允再进，离开时致谢并轻关门；递送物品时，如文件、资料等，要双手奉上，正面朝向对方，方便对方接收查看，展现出对他人的尊重和细致；当与同事在公共区域（如走廊、茶水间）相遇时，不要大声喧哗或长时间停留而阻碍他人通行，交流应轻声简短，不妨碍他人工作。

2. 沟通交流

用文明、规范、礼貌的语言清晰、有条理地表达观点，语速适中；认真倾听，眼神交流，适时点头，不随意打断对方；保持微笑，眼神温和，以良好姿势辅助交流，避免不良姿态；交流时，避免谈论敏感话题，如政治、宗教、个人隐私等容易引发争议的内容，以防破坏融洽的沟通氛围；在传达负面信息或提出批评意见时，注意方式方法，先肯定对方的优点和成绩，再委婉地指出问题，提出建设性的改进建议，避免让对方产生抵触情绪。

3. 聚会活动

参加会议提前到场，准备资料，手机调静音，有序参与讨论；商务宴请准时赴约，尊重他人的口味与习惯，注意用餐礼仪；积极参与公司团建，尊重组织者和他人的意见，维护秩序与个人形象；在活动中，主动承担一些力所能及的任务，如帮忙布置场地、收拾物品等，展现出积极主动的工作态度和团队协作精神；在聚会活动中，关注每一个参与者，尤其是那些相对内向、不太活跃的同事，主动与他们交流互动，避免有人被冷落，营造一种包容、和谐的氛围。

4. 网络社交

邮件主题明确，结构清晰，语言简洁，及时回复；即时通信语言文明，沟通简洁，确认对方方便沟通再发重要信息；社交平台发布内容应谨慎，尊重他人观点，避免不当言论和争吵；在群聊中，发言前先确认上下文语境，避免话题跳跃、答非所问，同时注意避免刷屏，以免影响他人查看信息；在网络社交中，对于他人分享的重要信息、成果或经验，及时给予点赞、评论等正面反馈，表达自己的认可和支持，增强彼此之间的互动和联系。

3 善于变通：
圆融处世不吃力

　　我们在职场中会遇到各种各样的人，他们可能来自不同的地区，拥有不同的家庭背景，处于不同的年龄阶段，并担任不同等级的职位。想要维系好如此复杂多样的人际关系，并不是一件容易的事情，必须掌握恰当的方法，才能在职场中游刃有余。那么，我们究竟该用什么样的原则来应对职场中复杂的人际交往呢？

　　　　《论语·阳货篇》中记录了一则彰显孔子应变智慧的轶事。

　　　　在孔子逗留鲁国期间，权臣阳货欲拜访他，但孔子并不愿与其会面。阳货遂送了一头蒸熟的猪给孔子，按照当时的礼节，孔子需进行回访。

但孔子巧妙地选择了阳货不在家的时刻进行回访，这样既恪守了礼节，又成功避开了与阳货的直接碰面，充分展现了孔子的机智与灵活。

孔子的教育理念中，因材施教同样体现了他善于变通的特点。

《论语》中还载有这样一个故事：某日，孔子在房间休息，弟子公西华侍立一旁。此时，子路急匆匆闯入，询问孔子："师父，若我听到正确主张，是否应立即行动？"

孔子回答说："你至少应该先征询父兄的意见，怎能一听就行动呢？"子路听后，若有所思地离去。

不久，另一弟子冉有也来到房间，向孔子请教同样的问题。孔子却给出截然不同的答复："是的，你应该立刻行动。"冉有满心欢喜地离开。目睹这一切的公西华满心疑惑，于是向孔子求解。

孔子微笑着解释："因为子路和冉有的性格截然不同。子路勇猛但有时过于冲动，所以我建议他多听取他人意见，谨慎行事。而冉有性格较为内敛，常犹豫不决，因此我鼓励他果断行动。"

子路和冉有的故事展现了孔子灵活多变的教育风格，同时深刻反映出他卓越的处世智慧。面对性格迥异、需求不同的学生，孔子从不拘泥于固定的教学方法，而是坚持因材施教，针对每个学生的特性给予不同的指导。

生活中的人际交往亦是如此。每个人都是独一无二的个体，只有采取差异化的相处方式，我们才能更好地维系与他人的关系。

成事锦囊

做人、做事要灵活变通

做人应如水流一般，要能随势而动，不拘泥于一成不变，懂得灵活变通。尤其是处理人际关系时，更要学会凡事因人而异、因事而异、因时而异。对待不同的人，要有不同的交际方式；对待不同的事情，要有不同的姿态；在不同的时间节点，更要有属于自己的判断和决策。

在职场中，面对领导时，我们应该表现得周到、谨慎，尽力展示我们的工作能力。在与职位较低的新员工相处时，我们应该尽量保持耐心，详细地解释工作任务，给他们犯错的空间，以确保任务能够顺利完成，保证团队的工作效率和团结。当我们与同级别的同事交往时，我们既要保持一定的竞争关系以激发个人的潜力，同时也要注重合作，以实现共同的目标。

在工作中，能处理好不同来源的任务也是一种智慧。面对领导分配的任务时，我们应当积极地接受，并确保按时且高质量地完成。更进一步的做法是，主动识别并解决领导可能忽视的问题，提前考虑领导的需要，这样的工作态度有助于我们赢得领导的信任。

在职业生涯的不同阶段，也要有不同的应对策略。初入职场时，应保持谦虚的态度，多观察、多思考，学习前辈的处理方式，并尝试实践。工作一段时间之后，应该建立自己的职场关系网，开始考虑自己的长期职业规划，设定明确的职业目标，以便更好地发展自己的技能和知识。此外，你也应该专注于提升自己的领导能力和管理能力，寻找机会在团队中承担更多的责任和更重要的角色。

做人、做事灵活变通，可以帮助我们在职场复杂的人际关系网里游刃有余。在千变万化的现代社会里，万事万物都不会恒定不变，唯一不变的就是变化本身，学会变通是我们应对职场挑战的关键。

4 格局决定结局：
修炼大局为重的团队思维

无论是在职场中还是在日常生活中，争执和矛盾的出现都是难以避免的。然而，当冲突发生后，如何处理因此受损的人际关系，确实是一个值得我们深思的问题。特别是在工作环境里，由于冲突和矛盾常常涉及工作任务和同事间的关系，我们需要更加谨慎地处理。那么，在面对这类问题时，我们应该采取何种态度来寻求解决之道呢？

蔺相如是战国后期赵国的上大夫，他不仅忠心耿耿、有勇有谋，而且为人处世也颇具智慧。他和廉颇之间的故事，更是广为流传。

蔺相如原本是赵国宦者令缪贤的门客，地位并不高，也一直没有机会得到君王的重用。而廉颇在此之前就已经凭借着赫赫战功，被拜为上卿，并且声名远扬。

　　有一次，秦王觊觎赵国的和氏璧。赵王害怕秦王言而无信，于是在他人的举荐下，派蔺相如出使秦国，与秦王交涉。

　　蔺相如不负使命，出色地完成了此次外交任务，赵王对他大加赞赏，立刻封他为上大夫，几乎与廉颇平起平坐。过了几年，秦王又约赵王在渑池相会，并且借机羞辱赵王。蔺相如再次凭借自己的智慧，为赵国挽回了颜面，同时狠狠打击了秦王的嚣张气焰。此后，赵王更加器重蔺相如，拜他为上卿，这样一来，蔺相如的地位就比廉颇的还要高了。

　　廉颇久居高位，又战功赫赫，因此难免有些居功自傲。他认为自己为赵国立下了汗马功劳，带领将士征战沙场，不应该比不上蔺相如这样一个耍嘴皮子的人。于是，廉颇扬言下次遇到蔺相如时，一定要好好教训他。

　　有一天，廉颇的马车和蔺相如的马车在一个狭窄的小巷相遇，廉颇霸道地挡住了道路。蔺相如没有说什么，立刻调转车头离开，为廉颇让路。廉颇见此情景，得意极了。

　　蔺相如的一个门客实在看不下去，便问蔺相如："您的职位比廉颇将军的职位高，为什么在外面见了他，总是避之不及呢？我们都是敬仰您的节义才愿意跟随您，如果您惧怕廉颇将军，对其一味地忍让，干脆就让我们回家吧！"

蔺相如这才说出自己的想法："你觉得秦王厉害，还是廉颇将军厉害？我连见到秦王都不曾畏惧，怎么会真的害怕廉颇将军呢？我只是觉得，其他诸侯国之所以不敢侵犯赵国，就是因为有我们两个人在。如果我和廉颇将军相互争斗起来，岂不是给了敌人可乘之机？我是为了国家大义考虑，才不顾及个人恩怨的。"

这番话很快传到了廉颇的耳朵里，他明白了蔺相如的良苦用心。回想起自己之前几次羞辱蔺相如，廉颇感到愧疚不已，决定用行动来弥补自己的过错。于是，他脱去上衣，背上用来惩戒人的荆条，亲自登门拜访蔺相如。蔺相如见到廉颇如此，恭敬地迎接他，并不停地安慰廉颇。两人冰释前嫌，共同为赵国的和平与强盛努力。

他们的故事成为人们赞颂的典范。

蔺相如主动避让廉颇，就体现了一种以大局为重的价值观。蔺相如认为，个人的恩怨不能影响国家的安定和团结，因此他宁愿自己受委屈，也不愿意引发朝局的不稳。

廉颇在得知蔺相如的做法后，深感惭愧。他认识到了自己的错误，并向蔺相如道歉。两人的和解，不仅消除了他们之间的矛盾，也增进了赵国内部的团结。

面对个人恩怨，应以大局为重

在职场中，摩擦和冲突是难以避免的。若因自身的过失而引发了纷争，我们或许可以借鉴廉颇的智慧，勇敢地站出来承认错误，并主动致以诚挚的歉意。这样的举动有助于我们迅速恢复关系，避免进一步的损失。

当然，道歉也不是一件简单的事，需要技巧和方法。比如，廉颇选择了符合自己武将身份的道歉方式，既彰显了一位将军的风范和肚量，也向蔺相如传递出了满满的诚意。那么，身处职场，应该如何道歉呢？

如果是和领导产生了矛盾，首先是保持冷静，接下来，尝试站在领导的立场分析问题，找到你们产生矛盾的核心。之后，选择一个恰当的时刻，以平和的态度与领导交流看法。交流时保持礼貌和专业性，若有错处大方承认，表示积极配合工作，及时反馈进度，以此修复关系。

如果是和同事发生了冲突，首先要控制住自己的情绪，不要让矛盾进一步升级。接着尝试与同事沟通，用协商的方式来寻找解决办法。有错即诚恳致歉，理解对方立场，同时也能显现出自己的风度。

在职场中，以大局为重是一种非常重要的思维方式和工作态度。它要求我们从公司的整体利益和长远发展出发，考虑问题和做出决策。以大局为重意味着我们要有团队精神。在工作中，我们不仅要关注自己的职责和任务，还要考虑团队的目标和利益，而不是只关注个人的得失。只有这样，我们才能在职场中取得更大的成功。

5 真诚是必杀技：
摒弃虚浮的人际关系

在你的周围，是否存在那些靠阿谀奉承博取领导欢心的人？他们仿佛仅凭三寸不烂之舌，便能轻易获得许多并不属于他们的机会。然而，阿谀谄媚绝非正直之人所为。即便某些人能凭借恭维话术获得晋升，他们往往也缺乏真正的工作能力，难以赢得他人的真心敬服。在职场的广阔舞台上，唯有真诚才是最强大的法宝，唯有真诚待人，才能建立起稳固的人际关系。

> 魏徵是初唐时期著名的谏臣。他的升迁之路靠的不是对皇帝阿谀奉承，而是刚正不阿、直言进谏，以正直和以国家为重的真诚品质赢得了唐太宗的信任。
>
> 有一次，唐太宗召见长孙无忌和魏徵，三个人一起对坐

闲谈。

唐太宗向长孙无忌诉苦："每次魏徵向我进谏，只要我没有接受，他就一直说个不停，也不知道是为什么。"

这原本只是唐太宗的一句玩笑话，魏徵却认真起来。他向唐太宗解释道："皇上，我之所以向您进谏，是因为您的行为有失。如果因为您拒绝了我的建议，我就改口顺从您，那岂不是有违我向您谏言的初心？"

唐太宗见魏徵如此认真，无奈地问道："那你就不能在朝堂之上先顾全我的颜面，私底下再向我提意见吗？"魏徵继续正色道："皇上，您难道没有听说过舜对群臣的要求吗？他告诫臣子，不要当面顺从，背地里却违抗，这不是忠于君主的表现，而是奸佞之举。我之所以总是当面向您谏言，恰恰是因为我忠于您啊！"

魏徵的这番话，让唐太宗大为感动。向皇帝进言，一来考验勇气，二来考验智慧。而魏徵显然是两者兼备的人，所以他能始终做到不忘初心。

唐太宗时期，为了稳固朝局，防止外敌进犯，规定十八岁以上的男子应征入伍。但有一年，唐太宗为了巩固边境，提出只要是身体健壮的十六岁以上男子，就必须应征入伍。这个想法一提出来，立刻遭到了魏徵的反对。

看到魏徵态度如此强硬，唐太宗很生气，质问他："那些身体健壮的人，有多少是虚报年龄逃避赋税徭役的，为什么不能征召他们？"但魏徵还是坚决反对，认为这样的举措是失信于民。他甚至还大胆反问唐太宗："您口口声声地说自己要以诚信治天下，为什么还多次在民众面前失信？"

唐太宗惊愕不已，问魏徵自己何时失信于民了。魏徵一一列举关于徭役、赋税、官员治理等方面的问题，把唐太宗说得心服口服。听完魏徵的言论，唐太宗称赞他说："从前我总觉得你太固执了，可能对国家事务不够了解。今日一看，你的确能做到切中要害，以国家和百姓的利益为重。看来我的过失很深啊！"

除了国家治理方面的问题外，魏徵对唐太宗的日常生活也经常加以规劝。有一年，唐太宗想要去南山打猎，准备好了车马和随从，但犹豫很久之后还是没有出发，原因就是害怕魏徵的责怪。

后来，魏徵专门写了一篇《十渐不克终疏》上奏给唐太宗，提醒和警示唐太宗要吸取历史教训，不能纵情享乐，而要居安思危，保持初心。

魏徵的每一次进谏都能站在国家大义的立场上，维护唐太宗的核心利益，才能使得唐太宗对魏徵产生深深的敬意，最终接受了他的谏言。因此，真诚的勇气和坚定的原则，二者缺一不可。

真诚才能带来稳定的关系

魏徵靠着刚正不阿的态度和直言进谏的勇气，获得了唐太宗的赏识。无论是对同事还是对领导，只有以真诚相待，才能赢得他人的信任。阿谀奉承的人也许能得到一时的利益，但从长远来看，想要真正赢得同事与领导的信赖，真诚才是更好的选择。

在职场中，真诚待人意味着要确保沟通开放且真实，直接表达想法的同时倾听并尊重他人；信守承诺，即使面临困难也要解释清楚并尽力实现；及时给予正面反馈，认可同事的好表现以增强团队凝聚力；在同事需要时伸出援手，展现善意和支持；保持谦逊态度，承认不足并愿意学习；遇到冲突时，用真诚和尊重的态度冷静处理，以维护团队的和谐。这些行为将帮助你树立真诚的形象，赢得他人的尊重和信任，进而为团队营造一个更加积极和健康的工作环境。

6 闭嘴的智慧：
滔滔不绝不如沉默是金

在人与人的交往中，特别是在共同工作时，矛盾和分歧难以避免，摩擦也时有发生。然而，同事之间一遇到矛盾就陷入争吵，一有分歧就分道扬镳，合作稍有不顺便反目成仇，这显然是一种非常不理智的行为。

无论何时，无论最终结果怎样，我们都应该保持友好的态度，努力维系和谐关系，以和气的方式相处，这才是长久共事的正确方法。

儒家学说讲究仁爱，在孔子眼中，"不道是非，不言人恶"是仁爱之风的一种体现。

相传，颜回有一次向孔子请教应该如何与朋友交往，孔子告诉他："君子和别人交朋友，即使觉得对方有什么过错，也不会加以指责和评论，而是反思自己是不是不够了解对方。时刻记着朋友过去对自己的恩德，不记着曾经的怨恨，这就是仁爱之人的内心。"颜回将孔子的教诲牢牢记在了心里。

后来，叔孙武叔来看望颜回，颜回以对待宾客的礼仪迎接他。两个人在交谈的过程中，叔孙武叔总是提及一些他人犯下的过错，并且不断指责。于是，颜回劝告他说："既然您来我这里做客，我就应该让您有所收获。我记得夫子曾经告诉我：'谈论别人的过错，并不能凸显我们自己有多好；说别人邪恶，也不能彰显出我们自己有多正直。'真正有道德的人只会就事论事，反思自己身上有没有什么过错，而不会去妄加评论他人的不是。"

孔子和颜回的故事，体现的正是中国人的交往智慧。别人的是非对错，很多时候我们仅仅是道听途说，如果对此横加指责，难免会让谣言四起，带来麻烦。相反，如果我们能够做到不道是非，不扬人恶，怀揣着一颗包容、宽怀的心与他人相处，那么自然而然就能够建立和谐的人际关系。

从前，有两个商人在客栈谈论一笔绸缎生意。丰厚的利润即将到手，两人越来越兴奋，说话声音越来越大，从进货渠道到定价策略毫无保留。却不知隔壁住了一个同行，对方将谈话内容听得真切。后来，竞争对手抢先一步联系货源、压低价格，让这两个商人的计划彻底落空。

这个故事告诫我们：言语需谨慎，尤其在涉及到利益、关键决策时，更加不要放松警惕，避免泄露重要信息，给自己造成麻烦。在生活和工作中要时刻保持警觉，谨言慎行，以保护好我们的隐私和利益。

成事锦囊

管住嘴，结善缘

在职场中，如何说话、何时说话以及说什么样的话，都有不同的讲究。在职场里结下好人缘的第一步，就是要学会管住嘴，莫要谈论他人的是非曲直。那么，我们究竟该如何做到这一点呢？

首先，不言人私，不揭人短。每个人都有属于自己的隐私，也有内在的缺点，这些都是无可厚非的。如果我们总是不知收敛地议论他人的私事，不仅会给他人带来困扰，也会损害我们自己的形象。尤其是当面揭人伤疤，更是违背了道德准则。因此，无论与谁交往，我们都应该坚守道德修养的底线，不随意议论他人的隐私。

其次，检视他人前，先反思自己。《道德经》有云："知人者智，自知者明。"这句话强调了自我认知的重要性，真正的智慧不仅在于对他人的理解和洞察，更在于对自己内在的深刻认识和掌控。尤其是在职场上，当我们被要求评估同事的工作表现时，似乎每个人都能给出一些合理的意见。然而，如果让我们评估自己负责的项目，往往会当局者迷。真正有能力、有修养的人，不会急于指出别人的过错，而是先思考自己的不足。只有不断反省、提升自己，才能更加全面、客观地看待人际交往中的各种事情。

最后，未经他人事，切莫随意指摘。正所谓"事非经过不知难"，只有亲身经历了某些事情才有发言权。有时，我们会站在自己的立场上评价某件事，却没有意识到自己可能根本不了解事情的全貌。我们没有设身处地地考虑他人的情况时，就不要随意地评价甚至指责他人的行为。

总之，适当保持沉默比滔滔不绝更有益于社交。"说"

是一种灵活圆滑的技巧，"不说"则是一种洞察一切的智慧。不指点别人的人生，才能过好自己的生活；不议论他人的功过，才能赢得他人的尊重。

7 合作共赢：
和气生财的长远之道

　　与人为善、保持友好不仅是一种能力，也是职场竞争中不可或缺的素质。人和人在相处的时候，尤其是在共事的时候，难免会发生矛盾、分歧和摩擦。有了矛盾就争吵，有了分歧就散伙，合作不成立马翻脸，这显然是极不理智的。无论结果如何，保持友好关系，彼此和和气气的，才是长久相处之道。

　　以"勋高一代"、平定安史之乱而闻名的汾阳郡王郭子仪，平生从不树敌，对所有人都非常友好和宽容。

　　他气度宽宏，得饶人处便饶人，尽量不和人结仇，如果结了仇、有了矛盾，他也会尽量化解。

　　唐代宗在位时，身边有个太监叫鱼朝恩，因为嫉妒郭子仪，经常为难他，一有机会就陷害他、说他坏话。

后来，鱼朝恩设宴邀请郭子仪参加。有人担心鱼朝恩想借机谋害郭子仪，因此建议郭子仪让士兵身穿铠甲跟随保护。然而，郭子仪拒绝了这一建议，只带了几个家童前去赴宴。

郭子仪的友善和宽厚打动了鱼朝恩，两人的关系得以缓和。从那以后，他们化敌为友，相处得非常融洽。

据《谭宾录》记载，郭子仪退休之后，皇帝赐了他一座汾阳王府。王府的大门始终敞开，"里巷负贩之人"，统统出入不问，毫无限制。上至朝廷命官，下至平民百姓，都盛赞郭子仪平易、亲和、友善，对他很是敬服。

当他被陷害、被冤枉时，不仅朝中同僚会倾力相助，百姓们也会为他抱不平；当他有了困难，不需要求人，能够帮上忙的人都会主动帮忙。

郭子仪在八十五岁时因病去世，被追谥为"忠武"，并被安葬在皇帝的陵墓旁，他是历史上为数不多的能够善终的名将之一。

郭子仪的一生充满了智慧和谋略，他的"友"字秘诀是他得以保全自身、建立功业和守护成果的关键。自古以来，许多人都在学习和借鉴他的这一秘诀。

友好合作，谈判失败亦是朋友

合作谈判失败屡见不鲜，利益冲突、信息不对称、沟通不畅等因素都会导致合作无法达成。但无论结果如何，都应始终保持友好态度。友好既是合作的原则策略，也是个人操守，彰显诚意与气度。若谈判失败后就发脾气、抱怨、诋毁，不仅伤害他人，还会损害自身声誉，遭人轻视。

俗话说"留得青山在，不怕没柴烧"，每个谈判对象和竞争对手都是潜在资源。这次谈判失败，未来仍有机会。若因一次失利就放弃，不仅错失潜在合作机会，还得耗费更多时间和精力另起炉灶。

合作本就有得有失，双方都在权衡利弊、相互选择。利益诉求一致时合作顺利，存在分歧时也不必沮丧。无论谈判结果如何，都要以友好平和的态度待人，维持良好关系，如此才能广结善缘，实现互惠互利，在职场长远发展。

第三章

深藏不露，在低调中展现力量

1 揣着明白装糊涂：
中庸才是王道

在竞争激烈的职场中，总不乏有人为升职加薪而无所不用其极：他们结党营私，拉帮结派，对同事排挤打压；又或是心机深沉，勾心斗角，背后编排他人是非。

然而，对于大多数的职场普通人来说，他们并不希望被卷入这些明争暗斗之中，而是更渴望在轻松愉快的氛围中开展工作。

那么，我们应该怎样才能避开错综复杂的职场争斗呢？又该如何在纷繁复杂的环境里坚守自己的本心和原则？"藏愚守拙"无疑是绝佳的策略。

通过秉持低调、不炫耀自己的原则，以一种内敛、谦逊并追求和谐、平衡的生活理念和处世之道来应对职场挑战，我们便能大大降低与人发生冲突的风险，从而摆脱许多麻烦和困扰。

　　张廷玉出身安徽桐城张氏家族，父亲张英在康熙年间官至文华殿大学士、礼部尚书。张廷玉自幼便生活在书香之家，而且从小就刻苦学习，克己复礼。

　　张廷玉参加科举考试时，得知父亲是主考官，为了避嫌，便主动放弃了这次考试。过了几年，张廷玉终于进士及第，进入南书房担任文书工作。

　　这年夏天，天气十分炎热，南书房的同事们纷纷脱掉长衫，随意躺着睡午觉。不料康熙皇帝经过这里，众人惊慌失措地穿衣服。张廷玉没看到康熙皇帝，自顾自地专心抄写资料。等到他发现时，其他人早就争着抢着冲到康熙皇帝的跟前，跪拜山呼。而张廷玉不紧不慢地在众人身后找了个空地，得体地叩拜。

　　这一切都被康熙皇帝看在了眼里，他觉得张廷玉是个可造之才。

　　得到康熙皇帝认可的张廷玉逐步进入了朝廷权力的核心，但是他并没有借势逞凶，反而更加谦逊有礼。

　　当时，佟国维和张廷玉同为尚书房首辅大臣。佟国维在随康熙皇帝远征噶尔丹时立下了汗马功劳。佟国维的政治嗅觉十分敏锐，在朝廷里左右逢源。然而，佟国维却在九子夺嫡事件中，因支持八阿哥胤禩（sì），遭到了康熙皇帝的严厉训斥。

而张廷玉秉承着"以不变应万变"的宗旨，始终站在皇帝的角度考虑问题。康熙皇帝宣布废太子时，太子的老师王掞冒死进言反对。康熙皇帝知道他是个正人君子，好言相劝。王掞不但不听劝，反而把列祖列宗搬出来压康熙皇帝，甚至把朝廷的大臣和其他几个皇子全部骂了个遍，声称太子落得现在的下场，都是大家造成的，如果太子被废，他宁愿以死谢罪。

　　接下来，小说《雍正王朝》里有个精彩桥段：王掞要以死明志，张廷玉悄悄劝他："你如果寻死，就是陷陛下于不义，让陛下背负杀害忠臣的恶名，太子也会被大家认为是不忠不孝的人。"王掞一听，意识到自己的鲁莽会损害太子的声誉，便不再言语。

　　张廷玉的这番劝诫既保存了皇家颜面，又平息了朝堂之争。这种化争为不争，不强出头的职场艺术，正体现了儒家思想的中庸之道。

　　康熙皇帝驾崩，雍正皇帝即位，张廷玉备受雍正器重，位极人臣，但他依然勤勉工作，始终把皇帝放在第一位。雍正皇帝在临终时，安排张廷玉为顾命大臣。乾隆皇帝登基后，提拔了一批年轻有为的新人。此时，张廷玉经过三朝的累积，朝堂里有不少他的门生，可以说在朝廷拥有了呼风唤雨的能力。但张廷玉依然保持谦逊，从没有逾越之举，还主动指导乾隆皇帝提拔的新人，教他们如何高效率地做事情，为皇帝分忧。朝中一些特别重要的事情，他不仅自己不参与，也不允许自己的门生参与，全都交给乾隆皇帝的亲信去做。因此，乾隆皇帝也对张廷玉青睐有加，很多国家大事都请教他。

中庸之道在于保持平常心

朱熹在《四书章句集注》中解释中庸是"中者，不偏不倚，无过不及之名。庸，平常也"。这也说明了保持中庸之道的核心在于适度、平衡，保持平衡心。

简单来说，张廷玉之所以能历任康熙、雍正、乾隆三朝，其实就是因为遵循了中庸之道。不论别人如何争权夺势，张廷玉始终保持一颗平常心，对待同僚不偏不倚，做事不逾矩，也不过于保守。

平常心并不是事不关己，高高挂起。张廷玉虽不参与朝廷争斗，但在内心深处有一杆秤：秤盘里是国家大事；秤砣是他自己，代表着凡事躬体力行；定盘星是皇帝，张廷玉无论做什么事情都跟皇帝是同一个立场，帮助皇帝解忧，让皇帝自己决定如何去做。张廷玉深谙中庸之道，懂得把握使用权力时的分寸。

当然，中庸并不等于昏庸。不强出头不代表出不了头。尤其在职场中，做任何事情都需要用实力说话。一味地讨好老板、溜须拍马，这样的人爬得越高，摔得越狠。

出头要看时机、分场合，不该张扬的时候收敛锋芒，积蓄能量；该张扬的时候锋芒毕露，一击即中。

在合适的时间和场合，让老板看到自己的实力，这也是一种中庸的艺术和智慧。哪怕被卷入竞争的漩涡也不要忧虑，要像张廷玉那样，保持一颗平常心，待人做事不偏不倚，不改变自己的主张和目标。

《中庸》有言："喜怒哀乐之未发，谓之中；发而皆中节，谓之和。"意思是，人的情绪本身是正常的，但如果不能很好地控制，就会导致失衡。比如，过度的喜悦可能会让人忘乎所以，过度的愤怒可能会让人失去理智，过度的悲伤可能会让人萎靡不振。但如果一个人能够做到情绪的表达既不过分也不压抑，保持适度，那么他的内心就会处于一种平衡、和谐的状态。只要做到这一点，内心就能保持中正平和，那么一切外界的干扰也就很难影响到他了。

选对"大树"好乘凉：
跟对人比做对事更重要

在职场中，我们或许都曾遇到过这样的领导：他们面对失败时常常采取推卸责任的态度，将错误归咎于下属，而面对成功时又常常急于抢功。与之形成鲜明对比的是，那些勇于承担责任、愿意分享成果的领导，他们如同职场中的灯塔，为我们指明方向。那么，在职场中，我们应该如何选择一位值得追随的领导呢？

> 东晋时期，有一个叫王猛的人，他一直希望找到一位明主，跟随其建功立业，然而他的选择标准几近苛刻。在等待明主的这段时间，王猛手不释卷，刻苦学习。
>
> 不久后，王猛来到后赵的都城邺城，尽管当时王猛小有

名气，但城中的达官贵人都瞧不起他。唯独徐统见他器宇不凡，认为王猛是个奇才，于是主动招揽他到自己的麾下做功曹。王猛不喜欢徐统，便离开了邺城，隐居华山。

东晋永和十年（354），大将军桓温掀起了北伐之战，很快击败了前秦开国皇帝苻健，大军驻扎在灞上。关中老百姓听说东晋的军队到了，全都拿着酒肉夹道欢迎。当时东晋的实权已经掌控在桓温手里，王猛觉得桓温应该是个明主，于是径直来到军营中求见桓温。

桓温听说过王猛，对他十分客气，向他请教天下大势。王猛也不客气，谈起国家大事，滔滔不绝。听王猛一番谈论，桓温暗中称奇，于是问："我奉天子的命令，率大军讨伐逆贼，受到老百姓的拥戴，但关中的文人雅士、英雄豪杰为什么没来投奔我呢？"

王猛直言不讳："前秦都城长安近在咫尺，您却驻军灞上，不去消灭前秦残余势力，似乎与朝廷北伐的目的相违背。大家都猜不透您的心思，因此不来投奔您。"

其实王猛早就猜透了桓温内心所想。桓温千里奔袭，就算占领了长安，消灭前秦，也只是白白浪费了兵力和钱粮，名誉和功劳却是朝廷的，与其继续消耗实力，不如让前秦继续和朝廷较量，这样才能保住自己的地位。

桓温发现王猛猜透了自己的内心所想，笑着说："江东没有一个人能比得上您的才干！"后来，由于粮草跟不上，士兵逐渐失去斗志，桓温决定退兵。临走时，他赐给王猛车马，又给他很高的官位，想让王猛跟着他去江南。

王猛出身寒门，深知东晋朝廷内部士族垄断政权，寒门士人很难获得施展才能的机会。他意识到，即使有桓温的赏识，也难以突破东晋士族阶层的限制，于是婉言谢绝了桓温的邀请，继续回到深山读书。

桓温退兵后不久，前秦皇帝苻健去世，其子苻生即位。苻生生性残暴，苻健的侄子苻坚想要除掉他，于是向尚书吕婆楼请教。吕婆楼向他推荐了王猛，苻坚见到王猛后立即引为至交。而王猛也看出苻坚必能成就一番事业，于是两人成了最佳搭档。

在王猛的辅佐下，苻坚一举歼灭苻生和他的党羽，登上了前秦皇帝的宝座。随后，苻坚任命王猛为中书侍郎，掌管国家大事。在王猛的建议和帮助下，苻坚实施了一系列的改革措施，包括整顿政治、推行法治、选拔贤能等，使得前秦的国力得到了迅速提升，先后打败前凉和前燕，成为北方强大的国家。

王猛的理想是辅佐一位明君，实现天下大治。他希望通过自己的智慧和才能，帮助一位有抱负的君主统一天下，结束战乱，恢复和平。他深知，只有在一个有远大抱负且能够信任他的君主身边，他才能真正实现自己的理想。苻坚的出现，让他看到了实现理想的希望，因此他最终选择了追随辅佐苻坚，并完成了自己的抱负。

常言道："良禽择木而栖，贤臣择主而事。"鸟兽尚且懂得要选择合适的地方做窝，优秀的人更应该选择明主，以发挥自己的才能。

在职场中最终取得什么样的成就，除了与自己的努力和才能有关，领导也是很重要的因素。在职场中，一位有远见、有格局的领导可以为我们提供更好的职业发展机会和成长空间，帮助我们提升自身实力，指引我们朝着更好的方向发展。

那么，如何在职场中找对一个好领导呢？这一点，我们可以从王猛的经历中窥知一二。

王猛在选择领导的时候，首先注重的是领导的风格和价值观。徐统和桓温都是一时之选，一个是后赵的大臣，一个是东晋的掌权者。虽然他们都很器重王猛，但王猛没有选择跟随他们，根本原因就是王猛并不认同他们的价值观。桓温手握东晋兵权，北伐中不倾尽全力攻打前秦，而是保留实力和东晋朝廷抗衡，以维护自己的地位，突出自己的价值，桓温的价值观显然不符合王猛为人治世的原则。

而苻坚则不同。苻生即位之后，政治腐败，百姓困苦。苻坚想要改变现状，推翻苻生的统治，为百姓谋福利，这正好契合了王猛的人生抱负。于是，两个人一拍即合。

王猛深知，一个好的领导，不仅要有卓越的才能，更要有为民请命的情怀。他需要的是一个能够带领他实现人生理想，共同创造美好未来的领导者。因此，在选择领导时，他并没有盲目地追求权力和地位，而是更加注重领导者的内心和品格。这种选择领导的方式，让王猛在职场中找到了真正的归属感和价值感。他跟随苻坚，共同奋斗，最终实现了自己的人生抱负，也为百姓带来了福祉。因此，我们可以说，选择一个好领导，对于一个人的职业发展来说至关重要。

成事锦囊

了解领导的做事方式

进入一个新团体时，要先了解领导的脾气秉性和做事的方式，这也是决定自己是否追随他的关键。

首先，主动寻求与领导的互动机会。通过参加团队会议、项目讨论等，观察领导在决策过程中的表现，了解他是否善于倾听，是否尊重团队成员的意见。同时，也可以在日常工作中主动向领导请教问题，观察他对待员工的耐心程度和态度。

其次，深入了解领导的工作习惯和价值观。可以通过与领导的同事、下属或合作伙伴交流，了解他们对领导的评价和看法。此外，还可以关注领导在社交媒体上的言论和动态，从中窥见其个人价值观和职业理念。

最后，结合自身的职业规划和价值观进行判断。在了解领导风格的基础上，思考自己的职业目标是否与领导的领导理念相契合。如果领导的风格和理念与你的职业规划相符，那么跟随他可能会为你的职业发展带来积极的影响。反之，如果两者存在冲突，那么你可能需要考虑寻找更适合自己的职业道路。

好的领导能给我们提供更好的发展机会。因为有能力的领导往往会给下属争取更多渠道和资源，如晋升的机会、培训等，从而使职业发展变得更为顺利。

此外，好的领导还能给我们带来优渥的薪酬和福利。因为好的领导都明白，要想让人卖力干活儿，得先让人吃饱。

因此，我们在选择领导时，不仅要考虑领导个人的品质、能力等方面，还要考虑客观现实因素。这些客观现实因素包括领导所处的工作环境、团队文化、组织架构、资源支持等。这些因素会直接或间接地影响个人的工作表现和职业发展。

3 以退为进：
退后一小步，才能往前一大步

    在职场的征途中，我们常常急于向前冲刺，渴望迅速获得认可和晋升。然而，在关键时刻，我们有时需要懂得"退后一小步"。这并非意味着退缩或放弃，而是一种策略性的调整，是为了更好地积蓄力量、观察形势，以便在恰当的时机迈出更大的一步。

    那些具备远见卓识的人，在遇到阻碍、挫败与不利局面时，会适当地退让与妥协，以此来稳固自己的地位。条件一旦成熟，他们甚至能够巧妙地将这些表面上的不利因素转化为有利条件，化被动为主动。这种以退为进、随机应变的策略，使他们在职场中如鱼得水，能够灵活适应各种环境，敏锐地捕捉每一个机遇，从而取得最终的成功。

晋文公，姬姓，名重耳，父亲是晋国国君晋献公，母亲是狐姬。他谦虚有礼、好学敏悟、性格豁达、重诺守信，为人处世也很有分寸，在晋献公的几个儿子中，算是比较优秀的。

然而，晋献公日渐老迈，越来越担心大权旁落、统治不稳。于是，能力出众、颇有名望的重耳就成了父亲的眼中钉、肉中刺。

为了防止儿子犯上篡位，晋献公随便找了个理由，就急急忙忙地把重耳赶出了国都，驱逐到了偏远的封地。太子申生和公子夷吾也遭到了同样的对待。

尽管晋献公的三个儿子已经离开了他的视线，但他的疑虑和恐惧并未因此而减轻，反而变得更加严重。宠妃骊姬仅仅挑拨了一下，声称这三个儿子计划毒害他，晋献公立刻相信了她的话，并派出军队去追捕这三个儿子。

太子申生性格刚烈，为了证明自己的清白，选择了自尽。重耳认为只要活着就有转机，在形势对自己不利的时候，最重要的是保全自己的性命，于是选择了暂时妥协和让步，带着亲信们连夜出逃去了翟国。

重耳历经了长达十九年的流亡生涯，从逃离故国到最终归国，他辗转漂泊，足迹遍及卫国、齐国、曹国、宋国、郑国、楚国以及秦国。在这段漫长的岁月里，他饱尝了人间冷暖与世态炎凉，时而遭受嘲讽，时而受到礼遇，有时不得不卑躬屈膝以求生存，有时也能过上悠闲自在的生活。

重耳逃去翟国后，晋国内乱依旧不止。晋献公去世后，骊姬的儿子奚齐即位。但不久就被晋国卿大夫里克率众推翻。

之后，里克就派人联络了重耳，希望他能回国即位。但让人意外的是，重耳拒绝了。重耳心里很清楚，里克想要的并不是一个新的君王，而是一个任由他操控的傀儡。

因此，重耳坚定地拒绝了这一请求。他宣称，自己当年违背父命，在外流亡，父亲病重时未能侍奉床前，父亲辞世后又未能扶灵送葬，如今怎能厚颜无耻地回国争夺君位呢？

由此可见，重耳并非没有野心，他只是有更长远的目标。他的推辞让他成功地避免了成为傀儡，避开了内部斗争的漩涡，同时也在人们心中树立了孝顺、诚实和人品高尚的形象，为他将来回国即位打下了坚实的基础。

被重耳拒绝后，里克将晋国的另一位公子——夷吾迎回，即后来的晋惠公。晋惠公即位后，立即卷入了与里克的权力斗争中。最终在秦国的帮助下，晋惠公取得了胜利，但在此后的多年里，晋国仍然充满了纷争和动荡，始终没有平静下来。

公元前637年，晋惠公去世，重耳觉得时机已经成熟，决定回国。这一次，他反守为攻，不仅主动接受了秦穆公派军队护送的好意，还积极与晋国的士大夫们联络。当他回国的消息传开时，晋国的民众纷纷欢迎，许多边境城市的士兵也转而支持他。而原本的继承人太子圉（yǔ）却因行为荒谬、倒行逆施而被整个晋国抛弃。

最终，重耳成功回国并即位，开启了争霸中原之路。

公元前632年，决定中原霸权归属的城濮之战正式开打。刚开战不久，晋文公就下了一个十分"荒唐"的命令：晋军主动退避三舍。

古时，一舍为三十里，三舍就是九十里。

接到命令后，晋军的将领们表示了质疑：还没开战，就先撤退九十里，这仗还打不打了？

重耳解释说："当年我流亡在外，得到过楚成王的帮助。我答应过他，若是我能继承王位，将来晋国与楚国发生争端，晋国要退避三舍。"

听了重耳的这番解释，将领们心中的疑虑顿时烟消云散。

在春秋战国时期，人们普遍重视道义胜过生命，因此在他们看来，重耳这种看似不明智的行为实际上是一种真正的仁义之举。不知不觉中，晋文公再次赢得了人们的赞誉。

晋文公的决策真的不明智吗？当然不是！这实际上是一种以退为进的战术。要知道，在城濮之战中，晋国兵力不如楚国，如果真的硬碰硬，晋国很有可能会惨败。因此，晋文公以遵守承诺为由，让晋军名正言顺地撤退，暂时避开楚军的锋芒。

此外，晋军的退避三舍也是一种战术，目的是假装示弱，引诱敌人深入。这与《孙子兵法》中的"卑而骄之"有异曲同工之妙。先通过假装失败和示弱，使敌人变得骄傲和自大，从而轻敌冒进；然后，趁机设伏，由守转攻，取得胜利。

事实上，在晋文公撤退之后，楚国统帅子玉确实中了计。他不顾大局，轻敌冒进，最终导致楚军被晋军击败，损失惨重。晋国则凭着这一场辉煌的胜利，成为"春秋五霸"之一。

成事锦囊

懂得退让，方能前行

很多时候，暂时退一步，确实只有好处，没有坏处。哪怕暂时吃了亏，最终也能找到弥补的机会，甚至扭转局面，从防守转为进攻，取得更大的进步。

《菜根谭》中说："处世让一步为高，退步即进步的张本；待人宽一分是福，利人实利己的根基。"

退，是修养，是策略，是胸怀，更是格局。退一步，不是胆小、怯懦，也不是逃避。相反，今日的退，恰恰是为了明日的进。退一步，人站稳了，路走宽了，根扎实了，才能更好地阔步前行。

在商业领域，那些通过降价促销、薄利多销来提升口碑、积累客户，然后寻求销售增长和利润的企业，都是在运用以退为进的策略。同样，在职场中，为了推动合作，愿意先暂时妥协再逐步推进的人，最终往往都能有所回报。

人生就像战场，职场就像江湖。一味地争强好胜往往会得罪他人，破坏人际关系，让自己遭受重大的损失。而选择适当让步，既可以积累力量以寻找东山再起的机会，又可以减少因冲动而犯下的错误，提高决策的准确性，从而提升自我，为未来的职业发展打下坚定的基础。

4 抓关键，破套路：
识别他人的语言陷阱

人与人之间的纷争难以避免，分歧和争论本身并不可怕，真正令人担忧的是，有人企图利用这些分歧和争论巧妙地设置语言圈套。举例来说，在辩论或协商过程中，他们可能会紧抓对方言辞中的漏洞，故意混淆概念，布设陷阱，使人在毫无察觉的情况下失去原本享有的权益。

那么，一旦我们遭遇此类情形，又该如何应对呢？或许，濠（háo）梁之辩的古老故事能为我们提供启示。

在战国时期，宋国有两位著名的人物：一位是道家的代表人物庄子，另一位是名家的创始人惠子。

庄子，名周，字子休，出生于宋国的蒙城。他性格淡泊、智慧过人、学识渊博，精通各种经典。他的代表作是我们熟知的《逍遥游》和《齐物论》。

惠子，名施，也是宋国人，出生于商丘。他德高望重、精通权谋，经常在各诸侯国之间游走，是一个非常有野心的人物。

尽管庄子和惠子的出身不同，追求也不同，性格更是天差地别，但这丝毫不妨碍他俩成为至交好友。两人在一起的时候，最喜欢做的事就是辩论。

这天，庄子和惠子闲来无事，一起到濠水之滨游玩。濠水汤汤，微风习习，水中一群鲦鱼晃动着尾鳍游来游去。

站在河梁上的庄子看到这一幕，忍不住说了一句："鱼儿在水里自由自在地游来游去，一定非常悠闲、快乐。"

没想到，庄子身边的惠子却反驳说："你不是鱼，你怎么知道鱼快乐呢？"随着惠子的反驳，一场流传千古的辩论就此开始。

面对惠子的质疑，庄子当然不会示弱，顺着话茬就反问："你不是我，你怎么知道我不知道鱼快乐呢？"

惠子解释道："我不是你，所以我不知道你的想法；你也不是鱼，你怎么知道鱼快乐呢？"

惠子的话虽然有一定的道理，但是他已悄然地改变了话题。"子"和"鱼"是两个完全不同的生物种类，一个是人，一个是鱼。而"子"和"我"都是人，这是同类之间的交流和比较。这与之前的辩论主题"鱼之乐"完全不同。

请注意，他们之前的辩论主题是"鱼之乐"。惠子的话实际上已经改变了辩论的主题，将其带离了原来的轨道。

虽然惠子很聪明，但庄子也不笨。他用同样的方法进行了反击。他说："让我们回到最初的问题。你问我怎么知道鱼是快乐的，既然你知道我知道，为什么还要问我？我就是在桥上知道的。"

庄子的回答其实隐含着另一层意思。惠子问的是："你不是鱼，怎么知道鱼快乐呢？""怎么知道"这句话的前提，就是默认庄子是"知道"的。

但以惠子自己的观点来说，"我不是你，我不了解你、不知道你"，那就是说，他不了解庄子。既然不了解，那么，怎么能确定庄子知道呢？

这，本身就是自相矛盾的。

总结一下，庄子的观点是：如果你能知道我，我当然也能知道鱼。如果你不知道我，那么你怎么能说我不知道鱼呢？

正反圆融，无懈可击。

在职场中，我们也会遇到类似的人，他们善于诡辩，看似逻辑严密，令人难以反驳，稍有不慎就可能被他们误导。那么，如何应对这些人呢？关键在于抓住重点，不偏离主题。

正所谓"他强由他强，清风拂山岗；他横任他横，明月照大江"。当我们与他人产生分歧并进行辩论时，无论对方是胡搅蛮缠还是振振有词，是东拉西扯还是绕来绕去，只要我们保持警惕，抓住重点，不回应无关的话题，那么无论对方如何绕圈子，都无法将我们引入他的陷阱。

总之，无论对方如何诡辩，说得多么动听，你只需要说一句"这与我们今天的讨论主题无关"或者"请回到正题"就足够了。

成事锦囊

警惕常见的语言陷阱

人与人之间的交往充满了未知和变数，人不可能去规避自己不知道的危险。因此，要想在日常的言语交锋中占据优势，不被拿捏，不被忽悠，我们还是应该多了解一些常见的语言陷阱。

转移话题。这是在讨论中故意偏离原话题，将注意力引向其他问题的策略，以此逃避原本的讨论点。比如，一个员工在开会时提出对工作环境的不满。老板这样回复："我完全理解你的感受，我们都在努力营造一个更好的工作环境。不过，你有没有想过，如果我们能一起努力，把项目做得更出色，那么工作环境也会因此变得更好呢？"通过这样巧妙的方式，老板试图让员工将注意力从对工作环境的不满转移到项目的运作上，从而成功转移了话题。

概念模糊。使用含糊不清的词语或短语，使人难以准确理解所传达的信息。例如，小区内有设施损坏需要维修时，物业可能会说："我们会尽快采取行动来解决这个问题。"然而，他没有明确指出要采取什么样的行动，也没有说明何时解决这个问题。

偷换概念。在讨论过程中，悄悄改变某个关键词的含义，引导听者接受原本不被接受的观点。例如，在一次项目会议上，团队成员正在讨论如何分配任务。项目经理提出了一个不太合理的方案，遭到了成员的反对。项目经理试图说服大家接受他的方案时可能会说："我们需要团结一致，共同完成这个项目。"这里，项目经理实际上是在偷换概念，因为他把讨论的任务分配问题换成了需要团队合作。

类似的语言陷阱还有很多，让人防不胜防。因此，无论是日常对话、辩论还是谈判时，我们都应保持警觉，学会分辨他人的话语背后隐藏的真实意图。只有这样，我们才能在与他人交往的过程中做到心中有数、游刃有余。

相应的，我们在与他人沟通时，应直接、明确地表达自己的观点，特别是在辩论或者谈判时，要注意保持语言的精准，并专注于议题本身，避免引入与话题无关的背景信息，确保沟通的清晰和准确性。

5 不可冒进：
开局稳扎稳打，才能抢占先机

在当今这个日新月异的现代化社会中，无论是职场竞争还是日常生活，都充满了变数与挑战。在这样的背景下，"开局稳扎稳打"这一智慧显得尤为重要。在职场上，稳扎稳打意味着在职业生涯初期就建立起坚实的基础。新入职的员工或创业者往往面临诸多诱惑与压力，急于求成可能导致决策失误或资源分配不当。相反，那些能够静下心来，深入了解行业趋势，扎实提升专业技能，逐步建立人脉网络的人，往往能在关键时刻把握住机会，实现职业生涯的飞跃。或许，我们可以从战国名将王翦身上汲取智慧。

在战国末期，秦王嬴政一统天下的战争进行得如火如荼。楚国，作为六国中实力最为雄厚的一方，成为秦王统一大业的最后一道难关。在决定攻打楚国的关键时刻，秦王召集了众位将领，商讨战略。

年轻气盛的李信挺身而出，自信满满地对秦王说："大王，楚国虽强，但已日落西山。只需给我二十万大军，我必能一战而灭楚！"

坐在一旁的老将王翦眉头紧锁，他深知楚国的实力不容小觑。他缓缓起身，声音沉稳而有力："大王，楚国地大物博，兵强马壮，非二十万大军所能轻易攻下。依臣之见，需六十万大军方能稳操胜券。"

秦王看着自信满满的李信，又望了望沉稳老练的王翦，一时难以抉择。最终，他被李信的年轻气盛所打动，决定派他率二十万大军出征楚国。

然而，战事的发展却出乎秦王的预料。李信轻敌冒进，结果被楚军打得节节败退，损兵折将。秦王得知战报后，痛心疾首，他意识到自己犯了一个严重的错误。

秦王亲自来到王翦府上，向他道歉并请求他出山率领大军再次攻楚。王翦看着诚恳的秦王，心中虽有不甘，但更知大局为重。他缓缓说道："大王，臣愿为国效力，但请大王务必听从臣的建议，稳扎稳打，方能取胜。"

秦王点头答应，并赋予王翦六十万大军的指挥权。王翦率军来到楚国边境，与楚军形成了对峙之势。楚军将领项燕多次挑战，希望引诱秦军出战，但王翦始终坚守不出，稳如泰山。

一日，项燕派使者前来挑衅，言辞犀利："王翦老匹夫，你畏缩不前，是不是已经老了，不敢与我们交战了？"

王翦微微一笑，对使者说："回去告诉你们将军，我王翦打仗从不靠一时之勇。我要的是稳扎稳打，一步步将你们逼入绝境。你们还是省省心吧！"

就这样，秦军与楚军对峙了数月之久。楚军因长时间无法交战而士气低落，后勤补给也日渐困难。终于，在一天深夜，楚军不得不选择撤退。王翦见时机成熟，立即下令全军出击，一举击溃了楚军主力。

战后，秦王亲自迎接王翦胜利归来。他感慨地说："王翦将军真是国之栋梁啊！你的稳扎稳打战略为我们赢得了这场关键之战的胜利。"

王翦谦逊地回答："大王过奖了。臣只是深知打仗不能急于求成，只有稳扎稳打才能抢占先机，取得最终的胜利。"

王翦的故事在历史上留下了深刻的印记。他用自己的行动证明了"开局稳扎稳打，才能抢占先机"的道理，成为后世将领们学习的楷模。

王翦的成功告诉我们：开局时的稳健与耐心，往往能够为后续的胜利积累关键的优势。抢占先机并非一朝一夕之功，而是需要在稳扎稳打中逐步构建。

开局要筹谋，推进要稳健

常言道："心急吃不了热豆腐。"急躁往往容易引发失误，因此在行动开始前要仔细筹谋。

以写小说为例。有些人写作速度很快，想象力丰富，一旦有灵感就会迫不及待地将其写下来并发表在网上。这样速度确实很快，但往往情节不够吸引人，逻辑上有缺陷，导致很难吸引读者。

小说的开篇尤为重要，它决定了能否吸引读者的注意力，以及读者是否有兴趣继续阅读下去。因此，在创作初期要进行深入的筹谋。这包括确定小说的主题、设定故事背景、构建人物角色、设计引人入胜的开篇情节等。

在小说推进的过程中，作者需要保持稳定的叙述节奏，逐步展开故事情节，揭示人物性格；同时也需要注意把控故事的节奏，避免过快或过慢，以维持读者的阅读兴趣。

职场谈判也是如此。鲁莽的开始可能会带来表面上看似乎有益但实际上不利的结果，不仅无法抢占先机，还可能失去原有的优势。缺乏周密的计划就容易忽略某些细节。因此，无论做什么事情，我们都应该保持冷静，既要抢占先机，也要稳扎稳打。

苏轼在《范景仁墓志铭》中讲："速则济，缓则不及，此圣贤所以贵机会也。"意思是做事迅速往往能成功，迟缓就容易错失良机。迅速行动、抢占先机对于我们取得成功至关重要。先机就是指那些对我们更有利的形势、环境和机会。想要在竞争中脱颖而出，不仅需要敏锐地捕捉机会，更需要主动创造并把握先机。

很多人之所以不能把握先机，是因为他们缺乏准备，未能认识到机会的存在。因此，要在职场上占据先机，我们需要不断提升自我，增加见识，丰富阅历，深入了解项目和谈判内容，以便能够敏锐洞察先机，精准掌握细节，从而把握机会。

当我们准备充分时，即使没有先机，也能利用现有条件创造先机。以职场谈判为例，我们可以在谈判初期就精准指出对方的弱点，发起连环攻势；或者邀请有分量的大咖和领导参与，以增强我方的气势；又或者利用舆论，营造有利于我方的形势。这些方法都能帮助我们掌握主动权，占据先机，使谈判结果达到或超过我们的预期。

总之，在职场中，我们要谨慎策划，稳健推进，准确判断，果断行动。只有这样，我们才能在竞争中取得优势，始终占据主动权。

6 听懂弦外之音：
洞察人心的沟通技巧

　　察言观色，听懂弦外之音不仅是一种社交技巧，更是一种高明的生存策略。在恰当的场合中，这种策略无疑能为我们带来诸多便利与优势。

　　精通此道者，通常能敏锐地洞悉他人的情绪与需求，处理事务能直击核心，言辞也能深入人心，每每能一语中的，精准地切中要害，从而达到事半功倍的效果。

　　反之，不谙此道者，则可能徒劳无功，甚至弄巧成拙。他们可能费尽心力却难讨人欢心，处理事务不尽如人意，言辞也常有失妥当。更糟糕的是，有时他们可能会好心办坏事，给本已复杂的局面再添困扰。

　　要想提升这一技能，我们可以借鉴古代智者申不害的智慧，通过旁敲侧击的方式巧妙试探，从而洞悉对方的心意。

　　申不害，战国时期郑国人，诸子百家之一法家学派的重要代表人物。早年间有志于学，二三十岁的时候，仕于韩国。当时韩国的国君是韩昭侯。

　　俗话说"伴君如伴虎"。申不害不是韩国人，在韩国并没有什么背景和根基，对国君韩昭侯的性情、好恶、行事风格也鲜少了解。因此，无论说话还是做事，都十分谨慎，以确保自己的言行举止符合国君韩昭侯的期望和韩国的朝堂风向。

　　公元前354年，赵国和魏国因为一些原因发生了争端。

　　经过大大小小数十场战斗后，赵国败北，魏国大军长驱直入，一直打到了赵国首都邯郸城下。赵国国君心急如焚，立即派使者向齐国、韩国等邻国求援。

　　收到赵国的求助信息后，韩昭侯犹豫了，便询问申不害："申卿，你觉得寡人该不该和赵国结盟，帮赵国一起对抗魏国？"

　　申不害一下子被问住了。因为担心自己的回答和韩昭侯的心思相左，被韩昭侯厌恶，所以申不害并没有立即给出答案，而是躬身说："结盟大事，关系到国家安危，不容儿戏，请您允许臣仔细考虑一下。"韩昭侯答应了。

　　事后，申不害匆匆找到了大臣韩晁和赵卓，动之以情，晓之以理地进行了一番劝说。他的主要意思是，现在赵、魏两国正在交战，赵国向韩国求助，这件事对韩国来说非常重要，国君正为此事感到忧虑。你们都是韩国的忠臣，且睿智多谋，此时就要挺身而出，主动为国君分忧，帮国君出主意。不管你们的意见符不符合国君的心意，国君都会看到你们的忠心。

韩晁和赵卓被说动了，没过几天，就分别进宫，向韩昭侯阐述了自己对"救赵"这件事的看法。申不害则借机暗中观察韩昭侯的神色、反应，等大致摸清了韩昭侯的倾向和想法后，才进谏说应当联合齐国，伐魏救赵。果然，他的建议和韩昭侯的想法不谋而合。韩昭侯下令与齐国一起发兵讨魏，迫使魏军回师自救，从而解了赵国之危。

成事锦囊

观察细节，捕捉关键信息

通过对他人行为的细致观察，我们可以捕捉到关键且有用的信息，从而更好地理解他们的态度和情绪。

首先，观察对方的语调和语气。人的声调与语气常常会受到情绪和心态的影响。因此，通过观察这些，我们能在一定程度上了解一个人的真实情绪，从而调整自己的行动。

一般来说，如果一个人说话的声音比较柔和、平静，语调轻松愉快，通常意味着他们的心情不错，这时你所说的话更容易被接受。

如果一个人说话声音暗沉低哑，那么他的情绪可能会比较低落、压抑，和他进行沟通时，最好多些耐心，言语要柔和，并且做好可能无功而返的心理准备。

如果一个人说话音量高、声音尖锐，显得不耐烦，甚至充满了火药味，表示他的心情可能不太好，情绪波动比较大，此时最好换个时间再与其沟通。

其次，捕捉影响事情发展的关键信息。例如，在进行商务谈判的过程中，密切关注对方在讨论关键数据或重要问题时的反应，仔细观察对方的一些小动作和微表情，可以更好地理解他们的想法和态度。即使对方可能非常善于控制自己的情绪和表达，但在涉及与自己切身利益密切相关的问题时，他们会出现一些细微的反应。这些反应可能包括：在听到不满意的价格或提案时无意识地皱眉，或者在听到满意的提案时面部表情放松、嘴角微微上扬，等等。

虽然这并不能保证你在每次谈判中都取得胜利，但至少可以帮助你把握整体的方向，确保你的想法和建议不会与对方的真实意愿产生太大的偏差。

　　在与他人互动时，如果不能正确解读他人的言外之意和真实情绪，而是仅仅基于他们的言辞来评判他们的想法，可能会导致误解和冲突。例如，一个母亲看似生气地抱怨她的孩子调皮捣蛋，但如果你认为她真的对孩子感到愤怒并和她一起批评孩子，你就会在无意中冒犯她。同样，领导表面上称赞你，但实际上并不真诚，如果你误认为这是真诚的赞扬，可能会忽略了领导可能隐藏的意图或后续的要求而被视为缺乏洞察力，进而失去领导的信任。

　　因此，在职场和人际交往中，保持警惕、机智和一定程度的世故是很重要的。学会如何观察和理解他人的非言语信号将有助于我们更准确地识别他人的情绪和意图，从而在沟通和互动中占据更有利的地位。

7 暗藏底牌：
关键时刻出奇制胜

在复杂的人际关系中，我们有时会因为过早地暴露一些重要信息，而使自己处于下风或陷于被动，这并非因为我们实力欠缺，而是因为我们未能有效地对自己进行掩饰。

无论是在职场还是在其他社交场合，我们均应学会有所保留，恰当地隐藏好自己的底牌。这样的策略不仅有助于我们自我保护，给自己更多回旋的余地，灵活调整策略，也能有效地增强我们的谈判力和影响力。借此，我们可化被动为主动，赢得优势。

那么，如何隐藏好自己的底牌呢？或许，我们可以从历史人物李广身上汲取一些启示。

李广是西汉名将，以足智多谋而著称。

汉景帝当朝时，李广曾做过一段时间的上郡太守。上郡是边境，经常会受到匈奴的袭扰。

这年秋冬时节，匈奴人再次大举犯边，李广奉命抗击。有一次，他带着一小队骑兵外出，好巧不巧地遭遇了匈奴的大部队。匈奴骑兵有数千人，李广身边充其量只有一百人。

众寡悬殊，李广和他的手下面临着极大的危险。然而，在这种情况下，李广并没有选择撤退，而是决定继续前进。前进了一段路程后，他命令手下卸下马鞍，让马躺下休息，自己也原地休息。

有士兵问他为什么这么做，李广解释说："我们出来得太远了，距离大营有几十里，如果转身逃跑，肯定会被匈奴人追击。现在我们主动前进，还卸了马鞍，从容休息，匈奴人就会疑惑，猜不透我们到底是什么情况，不敢贸然攻击。"士兵听了，恍然大悟。

果然，看到李广他们不但没逃走，还停下休息了，匈奴统帅怀疑他们是汉军派来的诱饵，于是没有攻击。双方僵持到半夜，匈奴人撤退了。

李广等人就这样化险为夷，成功逃过一劫。

人类天生就对未知的事物感到恐惧。如果我们无法了解具体情况，就会感到不安，而这种不安会导致我们持观望的态度，担心这可能是一个陷阱。

这种情况不仅在战争中存在，在谈判中也一样。只要我们没有暴露自己的真实实力，对方就不会轻易采取行动。这样还可以让我们获得主动权。

"藏"不是躲，不是避，而是惑。

《孙子兵法》有云："兵者，诡道也。"兵不厌诈，自古皆然。

在战场上，为了取得优势并赢得胜利，军队会运用一些策略来迷惑敌人，例如，透露一些真假参半的信息，让敌人感到困惑，使他们无法清楚地了解当前的局势，从而做出错误的判断。

1661年，郑成功率兵将收复台湾时，曾与荷兰侵略者对峙于赤嵌城。

赤嵌城是军事重城，易守难攻。要想攻城，只有两条路可选。一条是走南航道，南航道波平浪静，水面宽阔，非常适合行船；另一条是走北航道，北航道水急浪大、水底遍布暗礁，战船极容易搁浅。

郑成功到赤嵌城后，先是频繁调动兵力，做出一副要集中兵力在南面与荷兰侵略者决一死战的架势；荷兰侵略者见状，信以为真，把99%的兵力都调到了南面。

没想到，郑成功是在声东击西，根本没准备从南面打。

郑成功率领兵将，在熟悉水况的渔民的带领下，悄悄地从北航道到了赤嵌城下，成功避开了荷兰军队的坚船利炮，一举夺城。

如果荷兰侵略者没有被迷惑，没有忽略北航道，郑成功想要夺城，绝不会如此轻松，几乎兵不血刃。

同样的道理也适用于谈判。一旦对手被我们发布的各种烟雾弹（如降价、涨价、战略重组、更换合作伙伴、业务变更等）迷惑，产生了错误的判断，并做出错误的应对策略，他们就会一步步陷入被动，其行动和决策也会越来越受制于我们预设的框架。

成事锦囊

打破固有思维，出奇制胜

在复杂的人际交往中，除了通过夸大事实、声东击西等策略来迷惑对方之外，还有一种方法可以达到隐藏自己和误导对方的目的，那就是采用出奇制胜的策略。

"凡战者，以正合，以奇胜。""奇"就是出其不意、趁其不备，打破常规、另辟蹊径。简单来说，就是不按照常规的方式行事，让别人无法预测你的下一步行动。例如，如果对方认为你会往东走，你偏要往西走；对方认为你低头是为了道歉，实际上你可能是在找机会反击；对方认为你会报出高价，你反而报出超低的价格；对方认为你会在某个问题上挑剔，你却直接跳过那个问题。

所有人都认为周瑜不会用火攻，周瑜却出乎意料地使用了火攻；所有人都认为黄盖是真的向曹操投降，但没想到这其实是黄盖的苦肉计；所有人都认为诸葛亮借不到箭，诸葛亮却巧妙地利用草船借到了箭。

如果你能打破传统的思维模式，跳出习惯的束缚，勇于创新，那么你就有能力打乱对方的计划和布局，从而获得优势，掌握主动权，巩固胜利的成果。

隐藏实力和出奇制胜都是达成目标的重要手段，它们要求我们在日常生活中保持警觉和机敏，同时也需要我们具备前瞻性和策略性思维。通过这种方式，我们可以在不动声色中逐渐建立起自己的优势，并在关键时刻发挥出来，达到事半功倍的效果。

第四章

提升影响力和领导力，让别人追随你

1 说到就要做到：
建立职场信誉度

在职场中，领导常常给员工做出未来收益或发展机会的承诺。尽管部分领导能够履行他们的诺言，然而也有一些领导无法做到，这样难免会让员工失望，对他们产生"言而无信"的看法。同样，如果员工频繁向领导做出承诺却推迟兑现，也会逐渐丧失领导的信任。

那么，在职场上，我们应该怎样做才能赢得他人的信任呢？

公元前361年，秦国的新君主秦孝公刚刚即位。当时的秦国无论是经济实力，还是文化、政治都远远落后于其他国家。秦孝公任命公孙鞅为左庶长，主管秦国改革的一切法令。

公孙鞅先起草了一个法令，又担心老百姓不信任他，不按照新法去执行。于是，他想了一个办法。他命人在都城市场南门竖起一根三丈高的木头，并对围观的百姓说："谁能把这根木头扛到北门，就赏十金。"

百姓们议论纷纷，觉得公孙鞅是在开玩笑，便只围观，没有人尝试。公孙鞅见此情况，果断把赏金提高到五十金。没有想到赏金越高，看热闹的百姓越觉得不合理，越发没人敢尝试。

忽然，从人群中走出一个人，撸起袖子，说："我来试试。"说着，就扛起木头搬到了北门。公孙鞅得知，立即命人当着围观百姓的面把五十金送到了那人手中。随后，这件事传开了，轰动了秦国。百姓们都说："左庶长的命令不含糊。"

公孙鞅见火候到了，于是下令颁布新法。变法之后，秦国的综合实力得到了显著提升，粮食产量稳步增长，军事力量也变得更加强大了。紧接着，公孙鞅废井田，开阡陌，增加耕种面积，同时迁都咸阳，为秦国统一中原奠定了基础。

后来，公孙鞅因功获封商邑，号为"商君"，人们都称他为商鞅。

商鞅在建立信任方面表现出了极高的智慧。当他初到秦国时，由于百姓对他不了解，他面临着信任危机。为了解决这个问题，他采取了"徙木立信"的策略，成功向百姓展示了他的诚信。这样做不仅为他赢得百姓的信任，也为他后续的工作打下了坚实的群众基础，他因此得到了百姓的广泛支持。

《论语》中说："人而无信，不知其可也。"理学家程颐也说："人无忠信，不可立于世。"意思是，人如果不讲信用，是很难在社会上立足的。由此可见，信用在生活中是多么重要。

在职场环境中，信任是人际交往的基石。缺乏信任，人们之间的关系将变得脆弱，变成仅仅基于利益的交换，而非真正的合作与互助。在这样的环境下，很难实现共赢和共同成长的目标。因此，建立和维护良好的信誉对于职场中的每个人来说都至关重要。

信用是维护职业形象的法宝。个人的职业形象不仅关系到自身的发展，同时也代表着团队和公司的形象，信用高的人往往会给他人留下专业、可靠、值得信赖的印象，更容易获得他人的认可和支持，得到更多资源与渠道。

信用更是顺利开展工作的保障。职场中，很多事情都不是一个人能够完成的，往往依靠集体的力量，这就需要同事们相互协助和配合。如果一个人没有信用，就很难得到同事的支持，无法保证工作的顺利开展，从而影响工作的效率和质量。

在职场中建立自己的信誉度

在职场中获得同事与合作伙伴的信任，有利于工作的顺利开展。那么，在职场中，如何获得信任呢？

原则一：遵守承诺。一旦做出承诺，要尽力履行，不要轻易食言。特别是对于那些担任领导职务的人来说，如果他们未能兑现对下属的承诺，就会严重损害自己的权威。这就像带领军队的将军，一旦丧失威信，就会导致军心紊乱，更别说打胜仗了。如果迫于某些特殊原因而无法履行承诺，要及时向相关人员说明情况，并协同他们一起寻找解决方案。

原则二：诚实、客观。诚实是职场信用的基石。在工作中，要秉持真实、客观的态度，不隐瞒事实，不夸大其词。同时，也要避免传递不实信息，以免误导他人。

原则三：勇于承担责任。工作中难免出现问题或失误，出现问题时不要慌张，首先要找到问题的根源，勇于承担责任，不推卸和逃避责任，积极寻找解决办法。但如果团队的损失并不是由你造成的，你也不应该默默地承担责任。相反，你应该积极沟通，解释实际情况。

原则四：持续学习新知识。学习是贯穿整个人生的主题。正如俗话所说，"活到老，学到老"。在职场中，知识和技能的更新速度非常快，因此，我们需要不断地学习新的知识、技能和策略，以提高我们的专业能力和竞争力，确保我们在职场中处于领先地位。

身处职场，自己的一言一行都会对他人产生影响，因此要尽量做到言行一致，确保自己能够履行做出的承诺。要明确自己的价值观和原则，并一以贯之，无论遇到什么样的挑战，都要保证自己的言行不偏离自己的价值观。常常自省，发现自己有言行不一致的地方，就要努力改进。同时也要关注他人的反馈和建议，以便更好地调整自己的言行。在做承诺之前，需要深思熟虑，不要过于自信或夸大其词，要认真考量自己的能力和实际情况，一旦做出承诺，就要认真贯彻执行。

2 兼容并蓄：
学会听取不同意见

《了不起的盖茨比》中有一句引人深思的话："在你想批评他人之前，请记住，并非这世上的每个人都拥有你所享有的优越条件。"

人与人之间的差异体现在诸多层面，诸如出生背景、教育水平、个性特点、兴趣偏好、人生阅历及价值观等。这些不尽相同的因素塑造了每个人独特的视角和偏好。比如，有的人偏爱甜豆腐脑，而另一些人则更喜欢咸豆腐脑；有的人追求充满激情的生活，而有的人则满足于平淡的日子；有的人视工作为实现价值的舞台，并为之努力奋斗，而有的人注重工作与生活的平衡，追求工作的轻松，不愿面对无休止的压力。有句话说得好："一千个人眼中有一千个哈姆雷特。"每个人的观点和想法都是独特的，没有绝对的对错之分，也不需要强求统一的标准。

有这样一个故事。

一日，孔子的弟子子贡正在书院中打扫，这时一位客人前来拜访求教。

"请问，一年有几季？"客人询问。

这个问题实在是太简单了，子贡听了，很笃定地告诉客人："一年有四季。"

没想到，客人却提出了异议："不对，一年有三季！"

"明明是四季！"

"三季！"

"你说得不对，是四季！"

"三季，绝对是三季！"

就这样，子贡和客人为了一年到底有四季还是三季这个问题，激烈地争吵起来。但吵了很久，也没吵出什么结果，反而惊动了孔子。

问明争吵的缘由后，孔子看了看子贡，又看了看客人，很肯定地说："一年有三季，没错。"

听了孔子的话，客人立即开怀大笑，然后离开了。

为此，子贡很不解："老师，您为什么说一年有三季？"

孔子回答说："那位客人身穿绿衣，面色黝黑，明显就是由田间的蚱蜢变化的。蚱蜢春天出生，秋天死亡，根本就活不到冬天。在它的认知中，一年就只有三季。你如果非要和它争辩，那么争辩三天三夜也不可能有结果。"

子贡听了，这才恍然大悟。

夏虫不可以语冰，井蛙不可以语海。不同的出身、教育背景、性格、兴趣爱好、生活环境、经验和人生观，导致人和人的认知存在差异。不可能求同，也难以界定对错。

因此，以自己的想法贸然地评判对方的想法，给对方下定义、贴标签，说"你错了""你这种观点不妥""你说得不对"，是非常不合理、不礼貌的行为。这样不仅会加剧双方的矛盾，引起对方的反感，还会给合作带来阻碍。

人们的认知受到时间和空间的限制，很难理解和接受超出自己经验和知识范围的事物。所以，不要轻易去评判对方，更不要轻易去定义对方的对与错。

不随便评价别人的观点，哪怕有分歧、有异议，也不把自己的观点和认知强加给别人，这不仅是一种修养，也是礼貌。

成事锦囊

尊重多样性，倾听不同意见

每个人都有自己的价值观和判断力，但这些只适用于约束自己，而不应用来衡量他人。试图用自己的标准去评判他人，既不客观也不理智，而且缺乏风度，容易得罪他人。

晚清时期著名的商人胡雪岩曾与各种不同的人做生意，包括地方豪绅、朝廷买办以及外国商人。在谈生意时，他无论是否同意对方的观点，都会认真倾听，并且在听完后不会立即做出评价，总是保持着友好合作的态度，与对方商讨共赢的解决方案。

正是这种和而不同、与人为善的态度，让他赢得了许多人的好感，他的生意也得以发展壮大。

每个人都有自己独特的背景、经验和见解，这些差异往往能带来创新的火花。因此，我们不要急于对他人的观点做出评判，多倾听不同的声音，避免盲目自信和偏见。在团队合作中，领导者要尊重个体的差异性，营造包容和多元的环境，让团队成员能够在相互尊重的基础上，自由表达自己的想法，这对推动创新和解决问题至关重要。

知人善用：
建立团队新秩序

常言道："江山易得，基业难续。"意思是一时的成功或许不难获得，但真正的挑战在于如何稳健地管理并延续所创下的功业。许多人经过多年的奋斗，终于跻身管理层，却发现管理一个团队远比想象中更为复杂。如何甄选团队成员，为每位成员分配恰当的职责，以及协调成员间的微妙关系，都是管理者必须深思熟虑的问题。那么，身为一名管理者，应该掌握怎样的用人智慧呢？

刘邦是大汉王朝的开国皇帝，他的祖先曾经是士大夫，但在刘邦的父亲那一代，家族已经衰落，成了普通百姓，因此刘邦的出身非常卑微。然而刘邦从不将自己视作等闲之辈，一直在寻找出人头地的机会。年轻的时候，他四处奔走，想要谋得一官半职。他虽然只得到了沛县亭长这样一个小官职，却十分懂得利用手里的资源，借着亭长的身份结交了很多的朋友，这些朋友成为他日后成功的助力。

后来，在秦朝末年动荡时期，刘邦集合三千子弟在沛县响应，自称"沛公"，走上了推翻秦朝的起义之路。此后，他不断吸收各路人才，壮大自己的势力。最终赢得楚汉之争，统一天下。

刘邦的成功离不开时代的机遇，但更为重要的是他对人才的管理和掌控能力。"知人善任，任人唯贤"可以说是刘邦的用人法宝。凭借着一双慧眼和有效的管理手段，刘邦让萧何、韩信、张良等一众贤能之士聚集在自己的麾下，帮助自己一步一步巩固势力和地位，并且顺利夺得天下。

那么，刘邦究竟是靠什么手段来驾驭这些人才的呢？

想要成为一名优秀的领导者，首先要学会正确地用人。刘邦曾说过一句话："此三者（指萧何、张良、韩信），皆人杰也，吾能用之，此吾所以取天下也。"而所谓"能用之"，就是指刘邦精通用人之道。

何为用人之道呢？首先就是尊重对方的想法。萧何在刘邦手下担任谋士时，曾三番五次地向刘邦推荐韩信，但刘邦一开始并没有多大的兴趣，甚至有点儿拒绝的意思。萧何却始终坚持让刘邦留下韩信，最终刘邦因为韩信是萧何极力推荐的人，才勉强同意了。

那么，刘邦是不是真的不识韩信之才呢？当然不是，这其实是刘邦的用人智慧。刘邦反复强调是因为萧何的举荐，显然是特意告诉萧何：你在我心中的地位非常高，我对你的意见极为看重。

当领导给予下属充分的信任，让他们感受到领导的理解和尊重，他们就会更愿意向领导表达真实的想法，也会更愿意为领导提供实际有效的建议。因此，善用人的关键步骤就是尊重和信任。

当然，管理团队就像带兵打仗一样，不可能总是和谐融洽。在必要的时刻，领导者也需要显露气势和威严，这样才能保持团队的纪律性和服从性。

在楚汉相争之时，刘邦被困荥（xíng）阳，而韩信和张耳却没有第一时间来解救刘邦。刘邦逃出项羽的包围圈后，没有因为韩信和张耳的延迟救援而对他们失去信任，而是采取了冷静和机智的治人手段。刘邦悄悄来到韩信和张耳的大营之中，接管了他们的部队，并且调换了各位将领。等到韩信和张耳发现时，他们已经失去了对军队的控制权。

刘邦的这一举措，对韩信和张耳是一次极其有力的震慑。

如果对他们一直放任不管，很可能会助长他们的气焰，最后导致军心涣散，甚至可能发生背叛。

由此可见，在团队中进行适当的整顿是团队管理的重要环节。只有领导者始终保持自己的权威，使团队行动一致，服从管理，才能保证令行禁止。因此，领导者一定要敢于治人，将掌控大局的权力牢牢把握在自己的手里。

成事锦囊

统筹兼顾，恩威并施

管理团队不能仅靠某一种手段，而是需要统筹兼顾。就像刘邦一样，既要做到知人善任，也要对人才进行严格的约束和要求。

团队建立初期，百废待兴，这个时候招揽和任用人才是最重要的。什么样的人是潜力股，什么样的人外强中干，这些都要靠管理者的一双慧眼去发掘。此外，管理者还需要考虑什么样的人适合什么样的岗位。因为"橘生淮南则为橘，生于淮北则为枳"，一个人哪怕颇具才能，但如果入错了行，也无法充分发挥自己的优势。

当团队稳定后，管理者的职责就变成了抓大放小。"大"就是指在管理的核心领域和总体战略上，领导者必须拥有决定性的力量，防止人才滥用权力，保证组织的正常运行和目标的实现。刘邦在用人时就非常注重权力的制衡，他通过分封诸侯和设立御史大夫等方式，对权力进行了有效的制约和监督。"小"就是指给予团队成员充分的信任和尊重，允许大家发表不同的言论和见解，鼓励大家举荐人才，吸纳新鲜血液。

恩威并施，双管齐下，才能更好地管理和利用人才，从而达到最佳的管理效果，最大程度发挥团队的力量。

4 知己知彼：
想赢先摸清对手的底细

《孙子兵法》有云："知己知彼，百战不殆；不知彼而知己，一胜一负；不知彼，不知己，每战必殆。"这句话深刻揭示了战争中了解敌我双方的重要性。用兵最重情报，从某种意义上来说，能不能及时获取情报，获取的情报准不准确，是决定战争胜负的关键。

无论是在战场上还是在职场上，了解自己和对手的各种信息都是至关重要的。这些信息包括各自的优点和缺点，战略布局，目标，财务状况，管理团队的方法，经营理念，市场份额，运营状况以及所处的背景和环境，等等。只有在充分了解了这些信息之后，我们才能制定出有效的应对策略。

战国时期，中原有秦、齐、楚、燕、韩、赵、魏七个诸侯国，其中，秦国实力最强横。其他六国为了抵御秦国，彼此合纵，形成了攻守同盟，守望相助。这让秦王非常苦恼，于是，秦王派遣相国张仪出使六国，破坏合纵。

张仪出使的第一站，是他的家乡魏国。作为土生土长的魏国人，张仪对魏国的情况了如指掌。因此，他采取了双管齐下的策略：一方面促使秦国进攻魏国，另一方面则跟魏王说魏国地域狭小、军力薄弱，无法与其他强国抗衡，一直处于艰难求生的境地，缺乏与秦国对抗的资本。齐国和魏国是盟友，可前段时间照样派兵攻打魏国，因此这些盟友都靠不住。与其被动挨打，倒不如主动投靠秦国，让强大的秦国成为魏国的靠山。

张仪一番话合情合理，而且字字都说到了点子上，把魏国的弱点、不利处境分析得非常透彻。魏王听后认为张仪的分析十分准确，几乎没有犹豫就接受了他的建议。

在魏国赢得"开门红"之后，张仪又马不停蹄地去了楚国。楚国拥有庞大的军队、丰富的资源和辽阔的土地，其国力与秦国不相上下。此外，楚国还与齐国相互支持，堪称一块难以啃动的"硬骨头"。而且，想要像欺骗魏王那样欺骗楚王也是不可能的。

面对这种情况，张仪采取了"投其所好，诱之以利"的策略。为了做到这一点，他首先需要了解楚王的喜好。因此，在会见楚王之前，张仪收集了有关楚王的很多信息，包括他的性格、兴趣、野心等。在对楚王有了充分的了解后，张仪才前去拜见楚王。

在与楚王会面时，张仪展示了一张事先准备好的地图，并向楚王提出了一个诱人的条件：只要楚王同意断绝与齐国的外交关系，他就说服秦王将商於地区六百多里的土地赠予楚国。

听到这个提议，楚王立刻起了兴致。毕竟，秦国提供的利益太过丰厚。看到楚王心动，张仪进一步加码，表示秦王还愿意将一名公主嫁给楚王，从此秦国和楚国成为亲密无间的盟友。

对于一直渴望扩张领土、称霸中原的楚王来说，张仪提出的条件太有吸引力了。于是，楚王毫不犹豫地和齐国断交了。

听说楚国背叛了，齐宣王盛怒之下，也退出合纵，先于楚国一步与秦国结了盟。至此，六国已去其三，合纵之势岌岌可危。

张仪又分别前往燕国、韩国和赵国，根据各国的具体情况和特点，灵活调整自己的谈判策略。他时而采用威胁的手段，时而以利益为诱饵，时而采取温和的方式，时而进行强硬的交涉。凭借这一系列巧妙的手段，燕、韩、赵三国也陆续被张仪说服。

就这样，六个国家纷纷瓦解，秦国完全掌握了战争的主动权，统一天下的趋势已经无法阻挡。张仪也因"破合纵，促连横"，成功游说六国而声名远扬。

张仪能够成功说服六国，其成功的秘诀不仅仅在于他逻辑严密、言辞犀利，更在于他能深入了解对方和自身，准确把握关键要点。他深知对方的心理和需求，同时也清楚秦国的优势和劣势，能够巧妙地避开秦国的短处，充分发挥秦国的长处。这种知己知彼的智慧使得他在外交场合中游刃有余，最终实现了自己的目标。

成事锦囊

知己知彼才能有效沟通

无论是在古代还是现代，无论是竞争还是合作的关系，无论是生活琐事还是团队、企业的战略合作，想要说服对方都需要实现有效的沟通。

有效沟通的第一原则是"知己知彼"。试想一下，如果在有效沟通前，你连对方的底线、合作意愿、禁忌和喜好、优势和风险都不知道，那么你能和他们谈论什么呢？

正如孔子所说："工欲善其事，必先利其器。"这里的"器"不仅是指工具和设备，也包括掌握的信息。通过掌握对方的信息，我们才能在复杂多变的环境中做出明智的选择，有效地与他人沟通，并在竞争中保持领先地位。

当然，除了做好信息收集外，在进行有效沟通前，还应为可能出现的沟通障碍做好心理准备。我们要告诉自己，说服对方的难度可能会超出我们的预期，哪怕对方斤斤计较、扭曲事实，甚至说出一些过激的话，我们也要保持冷静和理智，根据不同的情况采取不同的应对策略。

总的来说，无论是在职场上还是在个人创业的过程中，充分了解自己和对方，能帮助我们做出更加明智和合理的决策，从而提高我们做事的成功率。

5 谋定而后动：
深思熟虑，量力而行

在生活与工作中，我们应当根据自己的能力和实际状况来承诺和执行任务，这样才能言行一致，赢得他人的信赖，并建立稳固且持久的信任关系。

深思熟虑与量力而行是相辅相成的两大原则，前者强调规划，后者注重自我认知。通过精心规划，我们可以为自己设定出切实可行的目标与计划；而通过准确评估自身实力，我们能确保这些目标不脱离实际，是真正可以实现的。

在职场中，有人为了脱颖而出，会尝试接手超出自己能力范围的工作，这种行为非常冒险。我们更应结合实际，合理规划并稳健执行工作，在能力范围内追求卓越。

明朝时，中国沿海地区常有倭寇横行。这些倭寇往往由几十人组成一支小队，偷偷登陆，在我国沿海一带烧杀抢掠，使得沿海百姓苦不堪言。

当时的将军俞大猷（yóu）向朝廷提出了抗倭政策，他认为应该建立一支战术全面、装备精良的海上舰队，直接在海上把倭寇歼灭，阻止他们上岸作恶。然而，组建这样一支海上舰队需要多方面的支持，如造船、招募和训练新兵、制造武器装备，想要把这些部门统筹规划起来，绝非易事，还需要朝廷支出一笔不小的费用。俞大猷的建议虽然是好的，但很难实现，因此很快就被朝廷搁置了。

1555 年，戚继光被调到浙江抗倭。对于如何剿灭倭寇，戚继光有着和俞大猷截然不同的策略。戚继光认为应该把有限的资源发挥到极致，于是他选择了更加务实的方法。首先，他从选拔士兵开始，只招募农民和矿工，不要城里的闲散人员，他觉得农民和矿工比城里的闲人更易管理，易于推行自己的战术。其次，他考虑到沿海地形比较复杂，不适合大兵团作战，于是对自己的鸳鸯阵进行了改进，变成了几个人组成的小战队，作战时便于灵活指挥。再加上藤牌、狼筅等近战武器的使用，让戚继光的军队战斗力大增。

很快，戚继光的名头就在苏、浙一带打响了，倭寇每次听到戚继光和戚家军的名字都惊慌不已，不敢在戚家军的地盘上撒野。

戚继光的强大，离不开他在战前精心细致的部署工作。他深思熟虑，结合自身情况，将战场上可能出现的所有变数都纳入考量，并预备了数套应急方案。一旦战场形势出乎预料，他能迅速调整战略，保持冷静，有条不紊地指挥作战。

　　正是这种善于筹划、周全且灵活应变的能力，使得戚继光成功地抵御了倭寇的侵袭，为国家立下了赫赫战功。

成事锦囊

量力而行，凡事实事求是

　　春秋时期左丘明在《郑庄公戒饬守臣》中提到"度德而处之，量力而行之"。意思就是，无论做什么事情，都要考虑和评估自身的实力，尽量不要做超出自身能力范围的事。

　　每个职场人士都不希望自己碌碌无为，希望在事业上有所成就。但树立理想应该务实，切忌好高骛远。

　　如果你仔细观察身边的事业有成者，你会发现他们身上都有一个共同点——善于积蓄自己的力量。无论他们智商如何、学历高低、出身贵贱，他们都时刻保持着积极进取的状态，在羽翼丰满之前，不急躁、不冒进，做什么事情都量力而行，循序渐进地增强自身的实力。

因为大多数人都倾向于高估自己的能力，尤其在受到领导赏识时，容易头脑发热，盲目向前冲，这就会让我们在面对重大项目时，产生不切实际的期待。正所谓"期待越大，失望越大"，就是这个道理。

因此，了解自己的实际能力，准确地评估目标和期望，量力而行才是成功的钥匙。

量力而行也是一种理性的抉择，尤其对于带领团队的领导者而言，在做出决策和行动前，要充分考虑团队的实际能力和现状。就像戚继光那样，他结合朝廷的经济限制和沿海防御部队的实际情况，加强守军的意志，提升战斗力，在有限的条件下改良装备。作战时没有瞻前顾后，遇到倭寇就勇于拼杀，勇于追求更高的目标。就是靠着这股坚韧不拔的劲头，戚继光创造了一系列历史性的辉煌成就。

量力而行不仅是一种智慧，而且是必要的行为准则，它既要求我们对自身的能力进行客观的评估，又要求我们在自我期望和目标设定上有正确的远见。这样，在完成领导交付的任务时，才能避免因压力过大而引发焦虑心理，确保项目的顺利进行。

6 提前筹谋：
机会留给有准备的人

有别的公司挖我，发展前景比现在的公司好，我该不该跳槽呢？领导交给我一个重要的项目，我很想挑战一下，但又担心搞砸了，我该不该接呢？

无论是职场中，还是生活中，我们常常面临两难的选择，让自己陷入纠结的心理状态中。

这时，我们要记住一点：该出手时就出手！

春秋时期，郑国国君郑武公的夫人武姜生下第一个儿子，取名寤（wù）生，因为生寤生的时候难产，所以武姜特别讨厌寤生。三年之后，武姜又生了一个儿子，取名共叔段，由于生产的过程非常顺利，武姜特别喜欢他。

武姜对共叔段宠爱有加，好几次要求郑武公将来把国君之位传给共叔段，但都被郑武公拒绝了。公元前744年，郑武公病逝，按照嫡长子继承制，寤生当上了君主，也就是后来的郑庄公。

　　武姜见共叔段没有得到国君之位，就想着为他争取一些好处，于是以母亲的身份要求郑庄公把共叔段分封到京邑。郑庄公毫不犹豫地答应了武姜的要求，但大臣祭仲觉得这样有失礼数，于是进言："按照制度，大的城邑城墙不能超过国都的三分之一，中等的不能超过五分之一，小的不能超过九分之一。而京邑比都城还要大，显然是不合法度的，不宜作为您弟弟的封邑，否则会对您不利。"

　　郑庄公当然明白这个道理，苦笑着说："母亲这么要求，我哪敢反对呢？"祭仲愤然说："武姜不知满足，应该给共叔段换一个城池，否则他的势力增长，就很难处理了。俗话说，野草蔓延之后，就更难铲除了。"郑庄公摆了摆手，说："你就看着吧，做多了不义的事情，必将祸及自身。"

　　不久后，共叔段果然得寸进尺，要求西边和北边的边邑不仅要服从国君的命令，还要听从他的调遣。公子吕代表大臣们劝谏郑庄公不要纵容共叔段，但郑庄公说："他会自取灭亡的。"

　　后来，共叔段又要求郑庄公把封邑城池周围的土地都分给自己。郑庄公再次满足了共叔段的要求。

郑庄公二十二年（前722），共叔段修筑城池，偷偷铸造兵器和铠甲，并且秘密制造了很多战车，准备偷袭国都，以夺取国君之位。而住在都城里的武姜打算在国都做共叔段的内应，为他打开城门，让兵马攻打进来。

郑庄公听说了这个消息，微笑着对大臣们说："共叔段越发猖狂了，现在是我们还击的时候了。"于是，郑庄公下令出兵讨伐共叔段。共叔段得知后仓皇逃到京邑，城里的百姓都不支持他，共叔段又逃到了鄢邑。然而，郑庄公的百辆战车很快抵达城外，攻打了几天之后，共叔段的士兵最终溃败，共叔段只得又逃到了共国。

郑庄公深知，过早干预共叔段的行动可能会引起母亲武姜的不满，甚至可能导致内部矛盾激化，影响国家的稳定。因此，他采取了欲擒故纵的策略，让共叔段的野心逐渐暴露，等待其真正发动叛乱的那一刻，便名正言顺地采取行动。郑庄公一直等待合适的时机，最终成功平定了叛乱，巩固了自己的统治。

苏轼在《代侯公说项羽辞》中说："来而不可失者，时也；蹈而不可失者，机也。"意思是，在眼前不可白白失掉的是时机，遇上了就不可错失的是机会。

毛遂敏锐地抓住机遇，在三千门客中脱颖而出，随着平原君出使楚国，为赵国赢得了外援；刘邦敏锐地抓住机遇，趁着项羽松懈，离开鸿门宴，为赢得楚汉之争、建立大汉帝国奠定了基础；刘备三顾茅庐请诸葛亮，诸葛亮看准天下时机，献上"隆中对"，为刘备重建势力、争夺天下提供了明确的指导……

成事讲究"天时、地利、人和"，而"天时"摆在第一位，天时就是时机和机遇，可见机会在一个人的发展道路上有多么重要。

俗话说，机会总是留给有准备的人。弱者坐等时机，而强者则主动寻找时机并出击。当时机来的时候，就稳稳抓住；没有时机的时候，就积极创造时机。

就像郑庄公那样。难道他真的不明白共叔段对自己的威胁吗？他当然清楚，但如果郑庄公直接把共叔段杀掉，无论从道义上还是情义上都说不过去。为了铲除这个威胁，郑庄公决定故意制造机会。正好共叔段因为失去了国君之位，心中也不满，早想着把郑庄公推翻。于是郑庄公利用共叔段的心理，对他的所有逾矩行为默默忍让，为的就是让共叔段的野心越来越膨胀，等他自己露出马脚。

正如预期的那样，共叔段在获得自己的封地后，开始厉兵秣马，企图发动叛乱。然而，他并未意识到，这正中了郑庄公的下怀。事实上，郑庄公已经为此等待了二十二年。因此，一察觉到共叔段有反叛迹象，郑庄公便迅速出兵镇压。

机遇总是偏爱那些有备而来的人。显然，郑庄公不仅具备这样的素质，而且深谙谋略、目光犀利，擅长创造和把握机会。

机遇需要自己去争取

很多人在职场拼搏了十几年，仍然只是底层员工，眼看着比自己年龄小的人成了领导，内心很不服气，觉得自己运气不好，没有贵人扶持，没有合适的平台。如果你也有这种想法，那就表示你完全没有理解机遇的本质是什么。机遇并不是从天而降的馅饼，而是靠自己主动创造、发现并追求的。

很多职场老油条，遇到大事、难事就退缩，只喜欢做简单的事，把复杂的事、有风险的事全都交给其他人去做。殊不知，项目越是有风险、难度大，越能体现你的价值。聪明的人会把它变成自己的舞台，尽情施展自己的才能；而愚笨的人才会抱着"枪打出头鸟"的思想，止步不前。

当然，做"出头鸟"并不意味着鲁莽和冲动。当机会来的时候，也要根据自身的情况和实力、项目的难度等进行综合研判，同时综合考虑配套资源、渠道管理等一系列因素。

如果研判之后，自己有把握去做，那就爽快地接手，然后充分利用自己的资源和公司提供的平台，尽全力把项目做好，不要瞻前顾后。

机遇并不是偶然的，而是通过自己的努力和智慧去争取的。在职场中，不要抱怨运气不好，而是要主动创造机会，勇于挑战，综合研判，全力以赴。只有这样，你才能在竞争激烈的职场中脱颖而出，实现自己的职业目标。

7 合作意识：
互惠互利才能共赢

　　独脚难行，孤掌难鸣。一人难挑千斤担，众人能移万座山。在立业的过程中，合作显得尤为重要。无论是在创业初期组建团队，还是在职场中与同事协作完成项目，合作都是实现目标不可或缺的一环。有效的合作能够集合多方的力量和智慧，创造出比单干更大的成果。

　　东汉末年，群雄并起，经过一番激烈角逐，魏、蜀、吴三国脱颖而出，鼎足而立。

　　公元 215 年前后，为争夺淮南地区，魏国和吴国屡次发生争端，战火连绵。最后，作为江淮锁钥之地的合肥成了两国争夺的焦点。

孙权亲率吕蒙、甘宁、凌统、蒋钦等名将，以及十万大军，兵临合肥城下。曹操得到消息后，立即派乐进、张辽、李典三员大将共守合肥城。

　　乐进和张辽虽同为曹操麾下的"五子良将"，但关系一直不太融洽。乐进是曹操的旧部，很早就追随了曹操，如果把魏国比作一个公司的话，那乐进就是元老级的员工；而张辽以前是追随吕布的，吕布在下邳之战败亡后，张辽才投降曹操，算是跳槽来的新人。曹操不计前嫌，对张辽委以重任，他的职位一度超过了乐进。被新人"骑"到了自己头上，乐进哪能乐意？于是，双方就有了矛盾，有几次差点儿大打出手。

　　然而，二人此次被调来一起驻守合肥，却罕见地没有闹矛盾。因为他们深知合肥是江淮的战略要地，一旦失守，很可能危及魏国在整个北方的统治。因此，在接到命令后，两人提前开了个会，最终，他们达成了一致决定：共同坚守合肥。

　　二人冰释前嫌，商定了"守"的策略：先由骁勇善战的张辽带领精锐正面痛击吴军，趁吴军远道而来，军心未稳之时，先挫其锐气；然后由老成持重、擅长防守的乐进守城，保全大军后路，做大军最坚实的后盾。

　　最终，在两人以及李典的通力合作之下，吴国大败，孙权溃逃，不仅合肥城成功被守住，还进一步削弱了吴国的实力，为后来的灭吴奠定了基础。

由此可见，合作的力量何其惊人。张辽和乐进虽有矛盾，但面对一个共同的目标，两人愿意求同存异，放下对彼此的成见，携手合作，各展所长，最终实现了共赢，共同守住了合肥。

成事锦囊

互惠互利才能两全其美

在谈判的场合，真正的智者懂得通过互惠互利来实现共赢，这样的合作和谈判才是最高境界。

我们在做决策或处理问题时，应尽可能地考虑和满足各方的利益和需求。只有各方都能从中获得一些利益，这种利益才是相互的、可持续的，这样才能实现两全其美、合作共赢。

在合作和谈判的时候，我们要选择和平共处、相互尊重的方式，共同寻找解决问题的办法。大家共同分享利益，共同承担责任。如果你想要西瓜，而他想要草莓，那就一起买一个果篮；如果你想要橘肉，而他想要橘皮，那就一起买一筐橘子。问题的多样性并不意味着无法找到解决方案，只要双方都愿意实现共赢，就没有做不到的事情，也没有谈不成的合作。

此外，在让步或让利时，应当确保后续能够获得应有的回报。如果只是单方面的损失而没有共赢的结果，那不是真正的两全其美，而是自我牺牲。正确的做法应当是既帮助了他人，也维护了自身的利益。

第五章

修炼稳定内核，
打造高能量人生

1 扬长避短：
将优势化为制胜关键

　　在竞争激烈的职场环境中，你是否曾有过这样的经历：有些事情明明不是你的强项，但为了吸引领导的关注或赢得同事的赞许，你勉强自己去尝试，最终却以失败告终。这样的结果不仅损害了你的职业形象，更影响了整个团队的工作效率。

　　实际上，每个人都各有所长，也各有所短。要想在职场中脱颖而出，关键在于学会扬长避短，充分发挥自己的优势。

　　康熙五十八年（1719），李卫任户部郎中一职。雍正皇帝即位后，为了整顿腐败的官场环境，裁掉了很多尸位素餐的人，把一些敢做实事的人提拔上来，以矫正不良的官场风气。而李卫凭借着行事果断、操守廉洁，很快就得到了雍正皇帝的重用。雍正皇帝认为李卫做事雷厉风行，效率极高，从不拖沓，于是让他担任云南盐驿道，负责整顿盐事。

在古代，盐属于战略物资，制盐和卖盐都掌握在朝廷手中，不允许民间私自卖盐。李卫到了云南，首先重申了法纪，严格管理，很快就取得了成效。后来李卫升任直隶总督，当时直隶盗贼横行，李卫到任之后制定方案，周密部署，很快就把当地的盗贼铲除。由于李卫政绩斐然，雍正皇帝越来越赏识他。

李卫刚担任浙江巡抚时，浙江地区连年水患，百姓生活困苦。李卫在巡视灾区时，发现许多灾民失去了土地和生计，急需救助。

然而，李卫明白单纯的救济并不能解决问题，他需要找到一个能够长远保障灾民生活的办法。经过深思熟虑，他发现浙江地区水资源丰富，适宜发展农业生产。于是，李卫决定发挥浙江的地理优势，推动灾后重建工作。

首先，李卫组织人员修复水利设施，确保水资源得到合理利用。然后，他引进优良农作物品种，提供种子和农具，鼓励灾民种植。此外，李卫还邀请农业专家传授种植技术，提高灾民的农业生产能力。

在李卫的积极推动下，浙江地区的农业生产逐渐恢复，灾民的生活得到了改善。这个故事展示了李卫在面对困境时，能够辨明优势、扬长避短。他充分利用浙江地区的地理优势，推动农业生产，为灾民提供了稳定的生活保障。

　　不过，李卫也并非完人，他有自己的缺点。他性格豪放、行事张扬，有时会显得过于高调。有一次，李卫在云南做官时，为了显示自己的威风，让人制作了"钦用"的牌子，挂在仪仗队中示众。这种行为虽然在一定程度上显示了他的权威，但也显得过于张扬，容易引起他人的反感。雍正皇帝得知此事后，立刻给李卫写了一封信，信中写道："尔其谨慎，毋忽！"意思是让他做事要小心谨慎，不要过于张扬。接着，雍正皇帝又语重心长地教导李卫："汝宜勤修涵养，勉为全人，方不负知遇。"意思是希望他能加强自身的修养，努力成为一个全面发展的人，才不会辜负皇帝对他的信任和期望。

　　李卫接到雍正皇帝的信后，深受触动。他意识到自己的行为确实有些过分，于是开始努力改正自己的不足。在雍正皇帝的不断教导和监督下，李卫逐渐学会了收敛自己的张扬个性，变得更加稳重和成熟。最终，他不仅改正了自己的短处，还充分发挥了自己的长处，成为当时颇负盛名的封疆大吏，为国家立下了不少汗马功劳。

　　雍正皇帝的这种用人智慧，既体现了他对人才的重视和培养，也展现了他善于发现和利用每个人的优势，同时帮助他们改正不足的高超技巧。这种智慧不仅在古代的国家治理中发挥了重要作用，也为现代管理者提供了宝贵的借鉴。

在职场中奋斗，最忌讳的就是像无头苍蝇一样到处乱撞。很多人不知道自己擅长什么，不了解自己想要什么，于是这个做一下，那个做一下，到头来什么也做不好。想要改变，首先要知道自己的优势和劣势到底是什么，了解自己的根本需求，发掘自己的潜力。就像李卫治理浙江水患，以及雍正皇帝善用李卫一样。

在发掘自身优势和潜力时，可以使用以下四种方法。

一是自我反思。无论是处理工作，还是和人相处，本质上都是和外界进行信息交换。在信息交换完成之后，要学会自我反思，思考自己在工作上有哪些成就和不足，思考自己在人际交往中，哪里做得让人感到舒适，哪里做得让人感到尴尬。经常回顾自己的经历，思考自己的表现，有助于发现自身优势，改正自身缺点。

二是观察自己。观察不仅要用眼睛，还要用内心。观察自己在工作和生活中的行为，审视自己做事的动机，分析自己做决定时的内心活动。养成观察自己的习惯，有助于了解自己内心的真实需求。

三是寻求反馈。人在社会中不是孤立的，无论性格多么内向的人都无法避免和别人发生联系，这是由人的社会属性决定的。我们可以通过身边的人际关系，了解他人对自己的看法和评价，借助别人的"眼睛"分析自己身上的长处和短处。

四是接受挑战。有压力才会有动力，总待在舒适圈中的人，很容易消磨斗志，也会丧失挖掘潜力的机会。因此在工作中，可以尝试一些具有挑战性的工作，努力完成它们。在这个过程中，你可能会发现自己在解决问题、应对压力、团队协作等方面存在优势。

人们往往对未知的事物感到抗拒。然而，我们内心深处的好奇本能又驱使我们去探索那些未知的秘密，这也是推动科技发展的重要动力。

成事锦囊

明确内心需求，确定优势方向

当我们找到了自己的优势和潜力，也拥有了自信时，就要培养自己的优势。

首先，要明确自己的目标，包括想要达到的职业高度、技能水平等。这样有助于有针对性地制订提升优势的计划。然后是制订计划，根据自己的优势和目标，制订一个具体的提升优势的计划。计划应该包括具体步骤、时间节点。在执行计划时，要将所学的知识和技能应用到实际工作中，通过实践锻炼和提升自己的能力。

其次，也要积极寻求挑战和机会，拓宽自己的视野，积累经验。例如参加培训课程，阅读相关书籍，参加行业会议，等等，还要关注行业动态，了解最新的职业发展趋势和需求。

最后，心态的调整对我们的持续成长至关重要。我们必须坚信自己有能力克服障碍并不断提升自己。这种自信心的培养需要我们对自己的能力有清晰的认识，并且对未来的进步保持乐观。此外，对工作的持续热情是维持动力的关键，它激励我们追求更高的成就和更深层次的发展。

2 有容乃大：
用宽容承载万物

《周易》中有一句名言："地势坤，君子以厚德载物。"这句话传达了君子应有的风范——拥有博大的胸怀与深厚的品德，用以包容和承载世间万物。时至今日，这样的修身理念仍然具有深远的现实意义。

宽容，意味着我们需要有一种开放和接纳的心态，去欢迎各种不同的声音和个性。而深厚的德行，不仅仅代表了个人的修养层次，它更是一种能影响和激励身边人的力量，对于推动社会的和谐发展起着不可或缺的重要作用。

据传，在春秋时期，秦穆公为了强化秦军的战斗力，特意命人精心饲养了一批骏马。然而，有一天，一匹马意外地从军营逃跑，最终被岐山下的村民们捕获。由于当时粮食歉收，村民们已经很久没有吃饱饭了，于是便杀掉了这匹马充饥。

当秦国军营发现马匹失踪后，他们迅速展开搜索，并很快查明了真相。随后，那些杀马的村民被捕，按照秦法需受惩罚。但当秦穆公得知此事后，他表现出了君子的大度，宣称："高尚的君子不应为了一头牲畜而去伤害人。"于是，他下令释放了所有岐山的村民。

秦穆公还听闻，人们吃了马肉后，如果不喝酒，可能会导致发狂伤人。为此，他又特意派人给岐山的村民们送去了很多酒。

时光荏苒，三年后，秦穆公率领秦军与晋国交锋。不幸的是，他被晋军包围，并身负重伤。秦军多次尝试突围都未能成功。正当秦穆公感到束手无策时，突然从后方冲出了三百多名勇士。他们手持各种武器，出其不意地冲入晋军阵地，使晋军大乱，最终败退。

等到晋军彻底撤退后，秦穆公惊讶地发现，这批救他于危难之中的勇士，正是三年前被赦免的岐山村民。

秦穆公能够在危机中化险为夷，得益于岐山村民的及时解围。而村民们之所以会义无反顾地伸出援手，是因为秦穆公曾经的宽恕之恩。

真正的君子，拥有包容天下难容之事的恢宏气度。常言道，"量小非君子"。这不仅仅是对人度量的一种描述，更是对君子品质的赞颂。

一个人的气度，就像其性格一样，深刻地影响着他的品质与未来的发展潜力。纵观历史，那些成功的领袖和人物，无一不展现出超乎常人的宽容与大度。他们能够容忍别人所不能容，承受别人所不能忍，总是从大局出发，全面考虑问题。在面对各种矛盾和分歧时，他们总能找到共同点，将团队紧密地团结在一起。

春秋时期的齐桓公也是这样一位具有宽厚胸怀的领袖。在齐襄公被杀，君位空缺之际，公子小白与公子纠展开了王位的争夺。管仲为了保护公子纠，曾在公子小白回国的必经之路上设伏，并射出了致命的一箭。然而，公子小白机智地装死逃过一劫，并抢先回到齐国继承了君位，是为齐桓公。但齐桓公并没有因此而报复管仲，反而重用他为相。这种宽广的胸襟与远见卓识深深打动了管仲。在管仲的辅佐下，齐国进行了一系列改革，逐渐走向强盛，齐桓公也因此成为"春秋五霸"之一。

"厚德载物"这一理念，强调的是拥有深厚的德行，去包容和承载世间的一切。这样的品质赋予人们开阔的胸怀和更大的处世格局，使他们不会因琐碎之事而烦恼，不会因挫折而气馁，更不会无端猜忌他人。

宽容是涵养之体现，它赋予人独特的魅力。无论是齐家修身还是治国安邦，只有心胸宽广的人才能容纳他人，只有德行深厚的人才能承载万物。

成事锦囊

打造宽和有礼的团队氛围，接纳不同意见

在职场中，个人的力量是有限的。要想保持团队的创新力和活力，首先需要打造宽和有礼的团队氛围。这种氛围来源于成员之间的相互尊重、理解和宽容。

团队领导要学会"难得糊涂"。这并不是说对任何事情都漠不关心，而是在小事上不计较，在大事上保持警惕。当团队成员犯错时，适当的批评和教育是必要的，但不能过于苛责。团队领导要有足够的度量，能让团队成员发自内心地认识到自己的错误，从而转化为自我驱动的动力，主动改正并避免再次犯错。

当领导者能够以宽容的态度与团队成员相处，就能建立起良好的团队关系，得到更多的支持和帮助。相反，如

果领导者对团队成员的小失误小题大做、过分挑剔，就会在团队成员的心中留下自私和狭隘的印象，难以赢得团队成员的信任，无法有效地推动项目的进展。

没有士兵追随的将军，再怎么擅长谋略，也不可能打胜仗。宽和有礼的团队氛围对提升团队凝聚力和工作效率至关重要。

宽和有礼的团队氛围不仅意味着原谅他人的错误，还意味着接纳不同的声音和观点。在团队协作中，倾听、接纳不同的声音和观点非常重要。团队中的每个人都有自己的想法和思维方式，团队领导不能固执己见，而是要善于听取各方面的意见和建议，这样才能集思广益。当然，接纳不同意见并非和稀泥，而是要始终坚持公平公正的原则。

"圣人终不为大，故能成其大。"圣人从不刻意追求伟大，最终却能成就伟大的事业，并在后世留下美名，皆因他们能宽容待人、厚德载物。

3 仁爱待人：
以厚德凝聚人脉

在儒家思想体系中，"仁心"的培育被视作个体品德修养的基石。仁爱，作为人际交往的起点，能够为我们构筑起坚固而持久的人际关系网，这不仅有助于个人的全面发展，更能以真情换取他人的真心相待。身处职场，每当面临难题与抉择，我们若能心存仁爱，凡事多站在他人的角度去思考，将能更精准地找到问题的症结所在，进而提出恰当的解决方案。这样的做法，不仅展现了我们的智慧与善意，而且能有效规避因自身决策而对他人产生的负面影响。

三国末年，群雄并起，逐鹿中原，各方势力竞相争夺一统天下的机会。袁绍在声讨董卓之后，声势大振，稳坐一方霸主之位，觊觎中原霸权。

曹操在与袁绍的实力相差悬殊的情况下，凭借其超凡的胆略和深邃的远见，在官渡一役中击败了袁绍，为统一北方奠定了坚实的基础。

曹操能取得如此辉煌的胜利，不仅得益于他高瞻远瞩的战略眼光，更在于他深谙人心，懂得换位思考的智慧。

官渡大捷后，曹操率军进驻袁绍的营地。在搜查帐篷时，竟发现了自己麾下将领与袁绍私通的密信。左右亲信力劝曹操严惩这些不忠之徒，建议按名单将他们一网打尽。

然而，曹操并未仓促行事。他沉思良久，缓缓说道："想当年，我与袁绍对垒时，他兵强马壮，我若处于他们的境地，或许也会做出同样的选择。"言罢，他下令将所有通敌信件付之一炬，不再提及。

这一举动让那些曾与袁绍通信的将士们深感愧疚，同时对曹操的宽容与智慧赞叹不已。曹操此举，不仅践行了孟子"仁政"的思想，更通过宽恕和包容，赢得了将士的忠诚与拥护，进而广纳贤才，最终成就了他的北方霸业。

"仁"包含了慈爱、善良、同情等多重含义。孔子认为，一个人如果具备了仁的品质，就会自然而然地做到"己所不欲，勿施于人"。换句话说，只有当一个人真正理解别人的感受时，他才能真正做到不让他人去做那些自己也不愿意做的事情。"己所不欲，勿施于人"就是要约束自身欲望，不把自己的想法强加于人。有些领导者身处高位，习惯发号施令，却从来不会关注执行者的想法和感受。这就容易导致团队内部貌合神离，相互之间推诿责任，没有办法做到从整体上统筹兼顾。

因此，团队的领导者应该学会倾听团队成员的意见，并以平等的态度对待每一个人。因为无论是领导者还是执行者，大家都是团队的一部分，共同目标是按时完成工作任务。因此，平等的态度有助于加强团队成员之间的关系，营造和谐的团队氛围，这对团队的进步和成长极为有利。

马斯洛的需求层次理论指出，被他人欣赏和尊重是人类的基本需求之一。基于这一理论，我们应该在团队中推行平等对待和互相尊重的原则，这与我们常说的"己所不欲，勿施于人"相契合。这种尊重和认可对于激发团队成员的积极性和创造力至关重要。

当团队成员感受到领导的重视和理解时，会更有动力去完成工作任务。相反，如果他们觉得自己的努力没有得到应有的认可，就可能会产生沮丧和挫败的情绪，从而影响他们的工作效率和质量。因此，团队领导者需要时刻关注团队成员的感受和需求，确保他们得到适当的认可和鼓励。

面对困难与挑战，要勇于承担责任

"己所不欲，勿施于人"不仅意味着要尊重他人、平等相待，还强调了个人勇于承担责任的重要性。在面对困难和挑战时，人们往往会出于自我保护的本能选择逃避或推诿责任。然而，如果我们自己都不愿意做的事情，又怎能期望别人愿意去做呢？这种对责任的逃避实际上违背了"己所不欲，勿施于人"的原则。

因此，无论是作为团队的领导者还是执行者，我们都应当承担起相应的责任。领导者需要合理分配任务，主动承担压力，为团队成员营造良好的工作环境；而团队成员也应在自己的能力范围内积极履行各项工作职责，即使遇到困难也要保持平和心态，努力解决问题。抱怨、推诿责任等行为不仅不利于问题的解决，也违背了积极主动和勇敢担当的处事原则，对个人和团队的发展都是不利的。

仁心让我们有了关爱他人的动力，而勇于承担责任则让我们在实际行动中体现出这种关爱。只有将仁心转化为具体的行动，我们的关爱才能真正落到实处，才能在团队中发挥出积极的作用。同时，勇于承担责任也是对仁心的一种保障，因为只有当我们愿意为自己的行为承担责任时，我们对他人的关爱才不会变成空洞的口号。

4

刚柔并济：
以方圆智慧驾驭人际关系

升职加薪是每位职场人士的共同追求，它不仅关乎物质层面的满足，更体现了对个人精神追求的实现。但每个人都有其独特的性格特质、交际方式和坚守的原则，因此并非所有人都能在职场中如鱼得水。

那么，我们该如何做才能在职场中应付自如、从容不迫呢？

春秋末年，晋国衰落，政权由韩、赵、魏、智四大家族掌控，其中以智家的实力最为强大。后来，韩、赵、魏三家联手击败智氏，使得晋国分崩离析，形成了韩、赵、魏三个新的国家。原晋国臣子魏文侯成为魏国的开国君主。

在统治时期，魏文侯积极推动魏国的经济发展，他任命李悝为相，并引领一系列的改革，从而让魏国逐渐崭露头角，国势日益强盛。

某次，魏文侯领兵成功占领一座城池后，返回国都并设宴款待群臣。酒宴正酣时，他沉浸在胜利的喜悦中，向群臣询问："诸位爱卿，你们认为我是个怎样的国君呢？"

群臣纷纷奉承，齐声称赞："您无疑是一位英明的君主！"

然而，在这和谐的氛围中，一位名叫任座的大臣突然起立，直言不讳地说："您还算不上一个英明的君主。您攻占中山国后，未将土地分给您的弟弟，而是选择了分给您的儿子，这并不贤明。"

魏文侯的兴致被任座的一席话打断，他愤怒地将酒杯摔碎在地，喝令道："无礼！来人，将他带出去！"

侍卫们迅速行动，将任座带走。此刻，宴会上的气氛变得凝重，其他大臣个个噤若寒蝉。这时，翟璜挺身而出，他恭敬地对魏文侯说："请息怒。任座的行为，其实恰恰证明了您是一位贤明的君主。"

魏文侯对此感到困惑，询问道："此话怎讲？"

翟璜镇定地说道："据我所知，唯有贤明的君主才能吸引那些敢于直言进谏的臣子。任座能如此坦率地提出建议，这恰恰证明了您的英明，不是吗？"

听了翟璜的这番话，魏文侯放声大笑，随即下令召回任座，并将其拜为上卿，委以重任。

翟璜与任座，这两位分别象征着职场中的两类典型人物。

翟璜是那种既具备出色能力、拥有独到见解，又深受领导赏识的人才，他能够影响甚至引导领导的思考和决策。相对而言，任座虽然能力不俗，却难以得到领导的青睐。显然，领导对翟璜的偏爱远胜于任座。

二者在专业能力上可能不相上下，他们之间的差异主要在于处理人际关系的技巧和态度。

有句话说得好："方正则不乱，圆润则不僵。"这意味着，一个人应该秉持坚定的原则，并始终如一地践行，同时在行事时又要把握分寸、灵活应变，避免僵化固执。在职场或生活中，我们总会遇到各种复杂的事情和形形色色的人，因此，学会在"方"与"圆"之间找到平衡，才是我们为人处世的智慧之道。

"方"，代表着正邪分明、是非明确的原则性；"圆"，则象征着圆滑灵活、对人对事的包容性。在待人接物时，我们不应表现得过于"方"，否则会给人留下尖锐、缺乏人情味的印象；同样，我们也不能过于"圆"，否则会显得没有原则，容易丧失做人和做事的基本底线。

在职场中，巧妙把握"方圆之道"至关重要。这样不仅可以避免与人结怨，更能为自己争取到更大的权益，实现个人与职业的和谐发展。

"内方"代表着坚守个人的行为准则和道德底线。在人际交往和处理事务时，这条底线是绝对不能逾越的，一旦越过，就可能迷失自我，沦为名利的奴隶。"外圆"则是指在与人相处时要展现出得体的礼貌和恰当的尺度，避免过于直接，要学会换位思考，体贴他人的情绪和感受。

在现代职场中，任座和翟璜可被视为下属的角色。他们不仅致力于完成本职工作，还期望通过自身的行为和观点来影响上级领导，以获得领导对自己方案的认可。

任座在"内方"方面做得很好，但"外圆"却有所欠缺。他言辞、行为过于尖锐，常常触及领导的尊严，容易激怒上级。正因如此，当他直言魏文侯并非明君时，遭到了驱逐。

相比之下，翟璜则做到了"内方外圆"的和谐统一。他深知任座的忠言逆耳，也了解任座的为人，因此并未随波逐流保持沉默。但是他也没有直接为任座辩解或反驳魏文侯，因为这可能加剧矛盾。相反，他巧妙地运用"唯有贤明的君主才能吸引那些敢于直言进谏的臣子"的论点，既表达了对任座的支持，又肯定了魏文侯的英明，实现了双赢。翟璜将"内方外圆"的原则运用得淋漓尽致，这也是他能够深得魏文侯赏识，稳坐相位长达三十余年的原因。

外柔内刚，与同事的相处之道

《陈希夷心相篇》有这样一句话："过刚者图谋易就，灾伤岂保全元；太柔者作事难成，平福亦能安受。"意思是说，做事情的风格太强硬，虽然事情能做成，但会得罪周围的人，容易招致灾祸；做事的风格太柔和，虽然能生活平稳，但事情不容易推进。

因此，我们在职场中和同事相处，需要刚柔并济、内刚外柔。

刚，指的是做事情的底气和魄力。面对重任不应畏畏缩缩、瞻前顾后，而是勇于接受，谨慎规划，统筹安排各种资源和渠道，使任务稳步推进。

柔，指的是对待同事的态度。做事情需要得到他人的配合，待人接物就要做到柔和，这样别人才会帮助你。同时，对人柔和有助于积累人脉，关键时刻能够发挥重大作用。

老子曰："是以兵强则灭，木强则折。强大处下，柔弱处上。""天下之至柔，驰骋天下之至坚。"天底下任何事物都是如此，太过强大就很容易遭受打击；反倒是那些柔和、不起眼的事物往往能长久发展。

因此，想要在职场中稳步晋升，就需要做到内方外圆、内刚外柔。待人可以圆润一些，注重礼节、礼貌；做事情需要坚持原则，不越底线。如果能做到这样，哪怕身居高位，也会受人敬重而非畏惧。

5 低调蓄力：
打造属于你的高光时刻

　　初入职场或是长时间未能获得晋升的职场人士，如果心急求成，行事仓促草率，最终可能导致效率低下，甚至走向与初衷截然相反的方向。职场上的成就并非一朝一夕可达，而是需要长期的积累和沉淀。更为明智的做法是保持耐心，静待适当时机再全力出击，这样往往能够把握住更好的职业发展机遇。

　　晋文公重耳，春秋时期的一代霸主，其霸业之路却非一帆风顺的。在登上晋国国君宝座，成就霸业之前，他曾历经长达十九年的漂泊岁月。

　　重耳出身于晋国公室，其父晋献公另有申生、夷吾和奚齐等几个公子。由于奚齐是晋献公宠妃骊姬之子，骊姬为了让奚齐继承大统，便利用美言迷惑晋献公，导致重耳与兄弟申生、夷吾被迫离开国都。他们分别被安置在曲沃、蒲地和屈地。

数年后，骊姬设计陷害申生，迫使他走上了绝路。接着，她又诬陷重耳和夷吾图谋不轨。受到蒙蔽的晋献公轻信其言，竟发兵讨伐自己的亲生儿子。面对父亲的兵马，重耳无法狠心抵抗，于是在攻城之际选择翻墙而逃，投奔了母亲的故国翟国。自此，重耳的流亡生活拉开了序幕。

重耳逃离晋国后，国内接连发生内乱。最终，夷吾在纷争中脱颖而出。然而，他仍然忌惮重耳的归来，于是派人潜入翟国意图加害重耳。为了自保，重耳与忠实的追随者赵衰等人商议后，决定离开翟国，前往齐国投奔齐桓公，寻求他的庇护。

重耳与他的随行人员在途经卫国时，受到了卫文公的冷遇，因为他看起来落魄不堪。当他们离开卫国时，食物短缺，他们只得向卫国的村民乞食。然而，卫国的村民见他们状似乞丐，便随手给了重耳一抔泥土。重耳正欲发怒，赵衰却机智地解释说："土是土地的象征，这代表着对你的臣服啊！"于是，重耳欣然接受了这份泥土，并继续他们的旅程。

抵达齐国后，齐桓公对重耳极为尊重，甚至将一个少女许配给他。因此，重耳在齐国暂时安定了下来。但好景并不长久，随着齐桓公的逝世，齐国陷入内乱，重耳不得不再次踏上流亡之路。他辗转流经曹国、宋国、郑国、楚国，最后受到了秦穆公的热情欢迎，来到了秦国。

公元前636年，秦国派兵护送重耳一行人返回晋国的曲沃。当晋国的大臣们得知重耳归来，纷纷前往曲沃朝见。随后，重耳顺利继位，成为晋文公。

晋文公五年（前632），重耳在践土召集各国诸侯会盟，继齐桓公之后，成为中原的第二个霸主。

北宋词人苏轼在《稼说送张琥》中写道："博观而约取，厚积而薄发。"意思是说，无论是读书还是做事，都要经过长时间的积累，才能有所成就。浮躁是目光短浅的表现，真正拥有大智慧、大格局的人更注重内在的修养。

重耳离开晋国，一方面是要逃离晋国内部权力斗争的迫害，另一方面是积累实力，培养自己的亲信。晋国的政治斗争风云变幻，重耳在晋国没有任何支持他的势力，也没有军队，想要夺权可以说是痴心妄想。唯一的办法只能去外边寻求支援。

重耳从小就注意结交有才能的人，在他流亡之前，身边已经聚集了赵衰、狐偃、贾佗、先轸、魏犫（chōu）等人才。后来重耳遭受骊姬的迫害，这些人依然愿意跟着他颠沛流离，成为他日后返回晋国的资本。

在其他国家流亡时，重耳结交了宋襄公、郑文公、楚成王和秦穆公等国君，为日后践土之盟积累了人脉。值得一提的是，正是秦穆公派人送重耳回到晋国，坐上国君之位。

不难看出，重耳虽然表面上看似在逃亡，但其实是在积累实力。在资源和人脉有限的情况下，最为有效的策略就是低调积累。这样做并非隐藏自己，而是暗中增强自身的能力，待到时机成熟时，给所有人带来惊喜。俗话说，磨刀不误砍柴工。只要积累了足够的实力，总会有发光的一天。

成事锦囊

抓住机遇，后发制人

《周易》说："君子藏器于身，待时而动。"意思是说，君子应当积累卓越高超的技艺和才能，而不是到处炫耀，应等到有利的时机出现，以便在关键时刻展示出来。

《吕氏春秋》也指出："人虽智，而不遇时，无功。"意思是，哪怕一个人再聪明、本事再大，如果没有合适的时机和机遇，最终也是徒劳无功。

这表明，想要获得人生的成功，实现自身的抱负，光靠积累知识和技能还不够，只有当天时、地利、人和都具备时，才能厚积薄发，一鸣惊人。

在职场中，本领、人脉、资源和渠道的积累是基础，而时机的把握则是必要条件，这二者缺一不可。俗话说，机会总是留给有准备的人，说的就是这个道理。

愚蠢的人常常坐等机会，而聪明的人则会制造机会。既然机会稀缺，那我们就要主动出击，有意识地去创造机会，而不是守株待兔。

主动创造机会，并非刻意讨好领导，而是在踏踏实实地做好本职工作的基础上，培养敏锐的洞察力、良好的沟通和协调能力，以及制定清晰的职业规划，抓住一切能够展示自己的机会，在领导面前留下深刻而积极的印象。

总而言之，我们要想突破瓶颈，打开新的局面，一要积累自身的能力和资源，二要主动创造机会。

6 逆境也有机遇：
高逆商让你的人生更精彩

当面临突发事件时，人们的应对策略各不相同：有些人倾向于逃避，有些人选择拖延处理，而有些人则勇敢地积极面对。由于性格差异，每个人解决问题的方式也不尽相同，因此最终的结果也截然不同。那么，作为一个合格的职场人，我们在面对危机时应该如何应对呢？

《三国演义》中记载了一个脍炙人口的故事——空城计。故事发生在蜀汉建兴六年（228），当时诸葛亮派马谡（sù）镇守街亭，然而由于马谡的失误，街亭落入敌手。随后，司马懿率领十五万魏国大军直逼诸葛亮所在的西城。

消息传来，城中人心惶惶。因为此刻的西城内并无得力武将，仅有一群文臣和二千五百余名守兵，而且粮食储备也严重不足。无论是选择出击还是守城，面对司马懿的庞大军队都显得力不从心。

然而，诸葛亮却从容地登上城楼，远眺魏军来袭的方向，安抚众人道："大家无须惊慌，只要依计行事，我们定能转危为安。"

众人疑惑不解，诸葛亮即便智勇双全，又怎能仅凭二千五百人抵挡十五万大军呢？

紧接着，诸葛亮下令士兵们拔掉城墙上的所有旌旗，撤去所有守城器械，只留下士兵原地待命。他又命令打开西城的四个城门，并指派十几个士兵装扮成百姓，在城门口进行清扫。

最后，诸葛亮身披鹤氅（chǎng），头戴纶巾，带着两名书童，携一把古琴登上城门楼。他端坐于门楼，开始悠然自得地弹奏起来。

不久之后，司马懿引领魏军抵达城门之下，眼前的景象使他心生警惕，未敢轻率入城。他即刻令骑兵环绕城门侦察一周，探马回报："将军，四个城门均洞开，并无士兵守卫，仅有百姓在城门口清扫。"

此刻，司马懿的次子司马昭挺身而出，向司马懿请战："父亲，请允许我带一队精锐冲入城中！"然而，司马懿却挥手制止了司马昭，果断下令全军原路返回。司马昭疑惑不解，追问道："父亲，为何选择撤退？我观察诸葛亮此举乃虚张声势，城内恐怕已无兵可守。"司马懿微笑着解释道："你还年轻，不懂这些。以诸葛亮的智谋，他岂会轻易冒险？如今城门大开，内中必有诡计。倘若我们贸然进攻，岂非自投罗网？速速撤退方为上策。"

最终，诸葛亮以其超凡的智慧与冷静，成功化解了此次危机。

心理学中有一个名词叫作"逆商"，它指人们在遭遇逆境、挫折或失败时的应对策略和问题解决能力。

研究显示，一个人的成功往往与其逆商、智商和情商紧密相连，尤其以逆商和智商的影响最为显著。

以诸葛亮为例，即便在无外援和内应的困境中，面对司马懿率领的十五万大军，他并未因敌军之强大或局势之不利而丧失信心。相反，他凭借自身的智慧和勇气，充分挖掘并发挥了自身军队的潜能。这种在逆境中毫不畏惧、冷静前行的精神，恰恰是高逆商的典型表现。

那些逆商较高的人，往往展现出强大的抗挫能力。当面对失败和挫折时，他们能有效地调控并减轻心理压力和负面情绪。相反，逆商较低的人在遇到挫折和失败时，情绪很容易失控，他们在重压下可能会感到沮丧，甚至失去前进的动力。

逆商就像是一种心理上的稳定器，它帮助人们在面对不利刺激时保持心态平和，降低情绪的波动。这种能力使人们在困难和压力面前能够保持冷静和理智，从而更好地迎接生活中的各种挑战。

在职场中，拥有高逆商的人能够在面对工作压力和各类挑战时维持冷静与专注。他们具备迅速调整策略、探寻问题解决之道的能力。这样的特质使得他们在工作中展现出更高的适应性和灵活性，从而更好地响应市场环境和客户需求的持续变化。

成事锦囊

如何提高自己的逆商

一个人的逆商是高还是低，主要通过以下四个方面来判断。

一是控制力。 控制力指的是个体在面对逆境、挫折和失败时，对事情的掌控能力。在职场中，逆商高的个体往往能在项目出现重大失误时，迅速采取行动，将对公司或者团队的利益影响降至最低；当接手新的项目时，他们能在可预见的范围内，利用有限的资源和渠道，在不影响项目主体的情况下，规避潜在的风险，确保项目顺利进行。

马谡丢失街亭是诸葛亮的一次重大战略失误，最终导致了司马懿大军压城。此时，损失已经出现，如何尽量减少损失成为诸葛亮考虑的重点。诸葛亮顶住压力，快速部署了空城计，阻止了司马懿的进攻。

二是归属感。逆商的归属感体现在个体对逆境产生的原因和责任归属的认知上，通常可以分为内因归属和外因归属。内因归属是指个体将逆境归咎于自身因素，如个人的疏忽、能力不足或未尽全力等。这可能导致个体出现自责、消沉、自怨自艾和自暴自弃的消极态度。外因归属是指个体将逆境归咎于外部因素，如团队成员不配合、时机不成熟或遇到不可抗力因素等。这种归因方式可能会使人们表现出对逆境的合理化，从而避免过度的自责。

三是延伸值。延伸值指的是由挫折和失败引发的影响，会延伸至生活和工作其他方面。高逆商者能将负面影响的范围控制在最小，尽量不扩大至其他层面。

四是忍耐力。忍耐力指的是挫折和失败对个人或者团队造成的影响会持续多久。

想要提高逆商，就要提升应对危机的能力，做到像诸葛亮那样遇事不慌不乱，镇定自若地制定应对策略。

纵观历史长河，每个人的人生之路都不是一帆风顺的。可以说，我们每个人终其一生都在与挫折和困境作斗争。

面对危机和逆境，有的人把它当成机遇，靠自身能力顺利解决，从此得到领导赏识，平步青云。而有的人遇到一些小问题就推卸责任，不仅影响了人际关系的和谐，也阻碍了自身发展。

　　成功者大多是在逆境和困难中磨砺出来的。正所谓"宝剑锋从磨砺出，梅花香自苦寒来"。只有勇于面对逆境，不断挑战自我，才能走向成功。

7 守护底线，学会拒绝：
不做职场"老好人"

　　如果有一天，你的领导要求你执行违背你个人道德底线的任务，你将如何抉择？是屈从于领导的权威，还是坚决守护自己的原则，拒绝与之同流合污？

　　历史上有一位名垂青史的诗人——陶渊明。他对官场中的权谋诡计与腐化堕落深感厌恶，因此毅然选择了坚守个人道德阵地，辞官归隐，在故土过上了恬静的田园生活。

　　陶渊明出身显赫的仕宦世家，其曾祖父陶侃乃东晋开国功臣。然而，至他降生之刻，家境已然衰落。深受儒家熏陶的陶渊明，自幼便怀揣宏图大志，渴望能为国家和黎民百姓贡献己力。可是，在涉足官场之后，他却目睹了朝堂的纷乱与官场的污浊。

陶渊明在三十岁左右被任命为江州祭酒，但繁重的吏职很快使他感到厌倦，于是他选择了辞官归家。后来，虽然州里再次召他任主簿之职，但他却毅然回绝，选择在家中静享清闲。然而，随着时间的推移，家境愈发窘迫，以至于连家人的温饱都难以维持。亲友们纷纷劝他重返官场，以免荒废了一身才华。

为生计所迫，陶渊明最终在隆安二年（398）加入了桓玄的幕府。两年后，他奉命前往都城；但仅过一年，他便因母亲离世而返回浔阳守丧。

到了义熙元年（405）三月，陶渊明又投身刘敬宣将军麾下，担任参军一职。然而，他很快便发现官场中的官员们为了升迁和薪俸而阿谀奉承、相互倾轧，这种环境令他深感憎恶。因此，他请求外调至地方任职，期望能在那里为百姓谋求福祉。

同年八月，陶渊明调任彭泽县令。在任期间，他勤勉政务，深受民众爱戴。据《晋书》所载，某日，郡中派遣一名督邮至彭泽县进行工作视察。这名督邮素以贪婪闻名，每每巡察各地，总向官员索求贿赂，若不能满足其贪婪之欲，便会捏造罪名进行陷害。当他抵达彭泽县驿馆时，便高傲地要求陶渊明前来拜见。

当时，陶渊明正在书房中静心阅读，闻听此讯，心中顿时不悦。他虽不情愿，但仍前往驿馆会见督邮，且并未更换官服。随从小吏见状，慌忙提醒他此举有失礼仪，恐怕会招致督邮在太守面前诋毁他。

然而，陶渊明在官场与归隐之间徘徊已逾十年，早已洞悉并厌倦了官场的腐朽与黑暗。他宁愿选择饿死，也不愿为了一点微薄的俸禄而向权贵低头。于是，他毅然决然地取出官印，挥笔写下辞官信，交予小吏后，即日便离开了彭泽县，重返他深爱的田园生活。自此以后，陶渊明便彻底远离了官场的纷争。

陶渊明坚守自我、不随波逐流的精神，在现代职场中同样有着深刻的启示意义。在工作中，我们有时会遇到同事请求协助处理非自己职责范围内的工作，或是领导希望我们帮其处理一些私人事务。适当地伸出援手，不仅能够促进与同事之间的关系，还能增进同事和领导对我们的信赖，从而为未来的晋升铺平道路。然而，我们必须避免沦为那种无原则地迎合他人、逃避矛盾的老好人。

老好人在人际交往中，常常难以坚守自己的界限，担心拒绝他人会损害双方的关系。但长期这样做，可能会对个人的心理状态和幸福感产生不利影响。

对所有的请求都来者不拒，并非真正的助人行为，有时甚至会助长不良风气。一些别有用心的人看到你如此热心，可能会把许多本不属于你的任务推给你。长此以往，你不仅要完成自己的工作，还要承担额外的负担，最终可能落得个吃力不讨好的结果。

因此，无论是面对领导的要求还是同事的请求，我们都应该首先判断这些事情是否值得去做，是否存在风险，以及是否会影响到自己的本职工作。在深思熟虑之后，再做出是否给予帮助的决定。

如果某项请求触及了你的底线，甚至违反了公司规章制度或国家法律法规，那么你必须坚决拒绝。但直接回绝可能会损害双方的关系，因此应该采取更为委婉的方式，或者为对方提供一个合理且可行的解决方案。

成事锦囊

坚持职场规则，避免触碰底线

坚持自己的原则和底线，能够在职场中为自己树立良好的职业道德形象，赢得同事和上级的信任，为自己的职业发展奠定坚实的基础。

想要保持自己的本色不变，首先要提升能力，让自己做到在岗位中不可替代。只有拥有强大的实力，才能有底气对非正义说"不"。

有些时候，我们在职场中遇到触碰底线的事情，是因为我们卷入了权力的纷争。如果我们能在完成分内工作的同时，又能洁身自好，不拉帮结派，就能尽可能地避免遇到触及底线的情况。

　　不要过问同事和领导的关系。如果你与某同事关系较好，而他又与领导有着某种特殊关系，那么，你最好少过问他们之间的关系，甚至不过问。聪明的人会避免与这些人过于亲近，因为这样很容易被卷入派系争斗中。

　　不要过问同事未来的打算。在职场生涯中，人员变动频繁是常态。每个人都忙于为自己的未来做打算，这可以是积极的职业发展规划，也可以是消极的个人算计。特别是在关键的内部职位竞争和项目选择方面，过度探听他人的计划可能会引起他人的警觉，从而对自身的安排产生负面影响。

8 告别情绪内耗：
轻松甩掉负面情绪

　　无论是在职场环境还是日常生活中，我们难免会遇到令人烦恼的事情，从而产生负面情绪。许多人会选择将这些情绪深埋心底，不对外界透露。然而，当这些负面情绪在心中积累过多、过久时，它们便可能在某一时刻如洪水猛兽般突然爆发。因此，长期压抑或掩饰这些负面情绪并非明智之举。要想妥善应对这类问题，积极地进行情绪的缓解和疏导才是关键所在。

　　苏轼，这位北宋的大文豪，一生宦海浮沉，屡遭贬谪。"乌台诗案"后，苏轼被贬黄州，这对他来说无疑是沉重的打击。初到黄州，苏轼的内心满是愤懑与迷茫，曾经朝堂上的壮志豪情如今都化作了苦涩与无奈。

一日，苏轼与友人漫步于黄州郊外。望着眼前荒芜的原野，苏轼不禁长叹。友人看着他愁眉不展的样子，感慨道："子瞻，你才华横溢，却遭此厄运，实在令人惋惜。"苏轼苦笑着摇了摇头，说："人生在世，起落无常，既然来到此地，只能随遇而安，寻些乐子了。"

不久后，苏轼向朋友借了一块荒地，位于东坡之上，从此开启了他的垦荒生活。烈日高悬，苏轼撸起袖子，手持锄头，在荒地上辛勤劳作。汗水打湿了他的衣衫，滴落在干涸的土地上。友人前来探望，看到这一幕，十分惊讶："你乃文人雅士，为何要做这等粗活？"苏轼直起腰，用衣袖擦了擦额头上的汗水，笑着说："这有何不可？开荒种地，既能自给自足，又能锻炼身体，更能让我忘却官场的烦恼，何乐而不为呢？"

在黄州的日子里，苏轼渐渐适应了这种平淡的生活。他在东坡上种粮种菜，与邻里乡亲谈天说地，心境也越发豁达。苏轼的豁达与乐观，也体现在他的作品中。他用自己的笔触，描绘出了一幅幅生动的田园风光画卷，表达了对大自然的热爱与向往。同时，他也通过诗词，抒发了对人生的感悟与思考，鼓励人们要勇敢面对困境，积极寻求生活的美好。他写下"莫听穿林打叶声，何妨吟啸且徐行"的词句，展现出面对困境时的从容与洒脱。他也写下"惟江上之清风，与山间之明月，耳得之而为声，目遇之而成色，取之无禁，用之不竭，是造物者之无尽藏也，而吾与子之所共适"，提醒自己，不管多么贫困不堪，都可以从大自然中得到治愈，得到灵感和喜悦。

苏轼的洒脱与豪迈，更体现在著名的《江城子·密州出猎》里。早在"乌台诗案"前，他就因与变法派政见不合而主动请求调往密州。那一年冬天，密州举行了一场盛大的狩猎活动。苏轼身着猎装，英姿飒爽地骑在马上，眼神中透露出坚定与豪迈。他望着远方，对身边的人说："虽吾等身处偏远之地，但报国之心从未消减。"身旁的人担忧地劝道："大人，您如今被贬，还如此关心国事，就不怕再遭小人陷害吗？"苏轼哈哈一笑，朗声道："吾辈当以国家为重，岂能因个人得失而退缩！"

随着一声令下，苏轼纵马驰骋，如离弦之箭般冲向猎物。狩猎场上，马蹄声、呼喊声交织在一起，苏轼尽情地释放着内心的激情。狩猎结束后，苏轼豪情满怀，挥笔写下了那首著名的《江城子·密州出猎》："老夫聊发少年狂，左牵黄，右擎苍……会挽雕弓如满月，西北望，射天狼。"

苏轼一生虽不得志，却始终能以乐观豁达的心态面对人生的挫折。他将负面情绪转化为对生活的热爱、对国家的忠诚，在困境中绽放出了别样的光芒，为后人留下了无尽的精神财富，成为豁达人生的典范。

苏轼的故事，对我们每一个人有着深刻启示。在人生的旅途中，我们或许会遇到无数的挫折与困境，但只要我们能够保持一颗乐观豁达的心，就能够将负面情绪转化为前进的动力，活出精彩的人生。

负面情绪指的是正常情绪之外，造成心理波动较大的非正常情绪，包括但不限于抑郁、沮丧、失落、悲伤、过度兴奋、激动等。

情绪的产生是一个复杂的生物学过程。当我们受到外界刺激时，我们的大脑会对这些刺激进行评估，判断它们是否对我们的生存和安全构成威胁。如果大脑认为这些刺激是危险的，那么就会产生负面情绪，如恐惧、焦虑或愤怒。

在这个过程中，神经兴奋起着关键的作用。神经兴奋是指神经细胞被激活并传递神经信号的状态。当我们感受到威胁时，我们的神经系统会进入一种高度兴奋的状态，以便迅速应对可能的危险。然而，如果这种神经兴奋过度，超出了正常的调节范围，就可能导致神经调节失衡。

神经调节失衡可能会导致一系列的生理和心理症状，如心跳加速、血压升高、肌肉紧张、失眠、焦虑等。这些症状可能会进一步加剧负面情绪，形成一个恶性循环。

更神奇的是，这种神经兴奋会变成记忆，存储在大脑中，成为一颗定时炸弹。有时虽然会被短暂忽略，但遇到合适的时机就会扰乱我们的心理和情绪。

为什么我们的大脑不能有效控制负面情绪呢？这主要是因为负面情绪的产生与身体的自控力系统紧密相关。

自控力系统通常涉及前额叶皮层，这一区域负责抑制冲动、规划未来以及处理复杂思维。然而，当前额叶皮层的功能受损或被其他脑区影响时，我们就可能失去对情绪的适当控制。例如，杏仁核是与情绪反应尤其是恐惧和焦虑有关的脑区。当杏仁核过于活跃时，它可以压倒前额叶皮层的控制作用，导致我们陷入强烈的负面情绪之中。多巴胺和血清素这两种神经递质的不平衡也会影响到情绪调节能力。多巴胺过多可能导致冲动和攻击性行为，而血清素不足则与抑郁和焦虑有关。

另外，长期的压力和疲劳也可能削弱前额叶皮层的功能，使得我们更难抵抗负面情绪的影响。

成事锦囊

疏导负面情绪，不要憋在心里

处理负面情绪，就像大禹治水一样，不应该堵，而应该疏。

"堵"就是把所有的负面情绪都憋在心里，不靠外力排解，完全靠自己消化，这会对自身的神经系统造成很大的负担。"疏"就是放开"闸口"，把负面情绪像倒垃圾一样倾倒出去，减轻神经系统的负担，保持内心深处的干净。

疏导情绪通常使用的方法就是向别人倾诉。适当的言语可以带来安慰、支持和理解，从而激发大脑产生愉悦的化学物质，如多巴胺和内啡肽。这种愉悦感可以帮助我们缓解负面情绪。

　　此外，运动、睡眠和学习等行为都是有效的转移注意力的方式，能帮助人们暂时从负面情绪中抽离出来。